> 权威探秘百科

地震和火山探秘

[美] 肯·鲁宾 编著
何景旺 翻译

中央编译出版社

图书在版编目（CIP）数据

权威探秘百科. 地震和火山探秘/（美）鲁宾（Rubin, K.）编著；何景旺译.
—北京：中央编译出版社，2008.7
ISBN 978-7-80211-682-5

Ⅰ. 权… Ⅱ.①鲁…②何… Ⅲ.①科学知识－青少年读物②地震－青少年读物③火山－青少年读物
Ⅳ. Z228.2 P315-49 P317-49

中国版本图书馆CIP数据核字（2008）第075632号

Copyright © Weldon Owen Inc.
www.weldonowen.com
All rights reserved. No part of this publication may be reproduced, stored
in A retrieval system or transmitted in any form or by any means, electronic,
mechanical, photocopying, recording, or otherwise, without the permission
of the copyright holder and publisher.

Color reproduction by Chroma Graphics (Overseas) Pte Ltd
Printed by LeeFung - Asco Printers
Printed in China

本书中文版版权由威尔登·欧文出版有限公司[美]授予中央编译出版社独家拥有
京权图字：01-2007-5741

权威探秘百科

地震和火山探秘

编著	[美]肯·鲁宾
翻译	何景旺
责任编辑	吴颖丽
项目编辑	杨娜　张晓荣
项目策划	禹田文化

出版人	和龑
出版	中央编译出版社
地址	北京西单西斜街36号
邮编	100032
编辑部	(010)66509360 66509365
发行电话	(本市)(010)66509364 66509618
	(外埠)(010)88356858 88356856
网址	http://www.cctpbook.com
印刷	利丰雅高印刷（深圳）有限公司
经销	各地新华书店
版次	2010年1月第2次印刷
开本	243×265 1/16
印张	4
字数	40千字
定价	29.80元

本社常年法律顾问：北京大成律师事务所首席顾问律师　鲁哈达
凡有印装质量问题，本社负责调换。电话：010-66509618

跨进知识的新大陆

我们有两个世界,成人的世界和孩子们的世界,这两个世界完全不一样。

一个是平面的、刻板的,几乎没有一点儿灵性。一个是多面的、神奇的,充满了五彩缤纷的幻想,简直就和童话一样,是一个奇异的魔方世界。

在成人眼睛里,科学是干巴巴的原理和枯燥的公式,在孩子们的眼睛里,科学是充满幻想的天地和有趣的故事。

为什么会这样?因为在刚刚进入世界不久的孩子们的眼睛里,什么都是新奇的。每一片树叶、每一颗星星后面,似乎都隐藏着一个秘密。每一颗沙粒、每一朵浪花里面,好像都隐藏着一个新大陆。他们本来就有成人所没有的特异功能,是天生的幻想家。

为什么会这样?因为孩子们都有一颗求知的心,对身边不熟悉的世界,天生就有寻根问底的精神。他们才是最勇于发现的探索者。他们渴求知道一切,渴求发现科学的新大陆,做一个征服知识海洋的哥伦布。

什么知识最吸引孩子们的心?应是遥远的和新奇的,越遥远越有神秘感,越新奇越有吸引力。

要寻找这个地方,可不是一件容易的事情。

来吧,到这套书里来吧!这里有遥远的未知世界,这里有新奇的科学天地。

来吧,到这套书里来吧!这里有丰富的知识、精美的图片。

走进来吧!这里就是认识科学的起点。学会了,看懂了,就向科学的道路迈进了一步。一步步往前走,谁说这不是未来的科学家、未来的大师的起点呢?

刘兴诗
地质学教授、儿童科普作家

目录

介 绍

地表之下
运动不息的星球　8
不断扩张的海洋　10
板块碰撞　12
热点　14

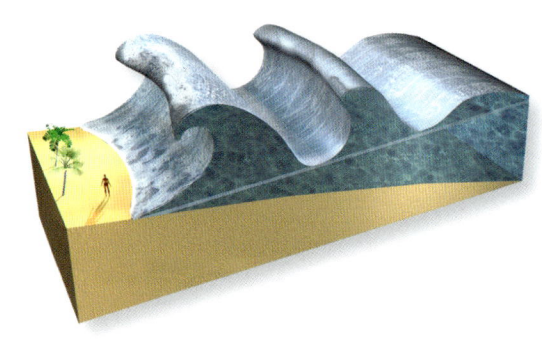

地下之火
火山剖面图　16
火山喷发类型　18
熔岩和火山灰　20
火山地貌　22
地热喷泉和间歇泉　24
野外作业的火山学家　26

颤抖的大地
当地震发生时　28
预防地震的准备　30
地震之后　32
海啸的发生　34
野外作业的地震学家　36

聚 焦

著名火山
托巴火山　40
维苏威火山　42
喀拉喀托火山　44
圣海伦斯火山　46
基拉韦厄火山　48

大地震
里斯本大地震　50
旧金山大地震　52
赫布根湖大地震　54
神户大地震　56
印度洋大海啸　58

活跃的世界　60
词汇表　62
索引　64

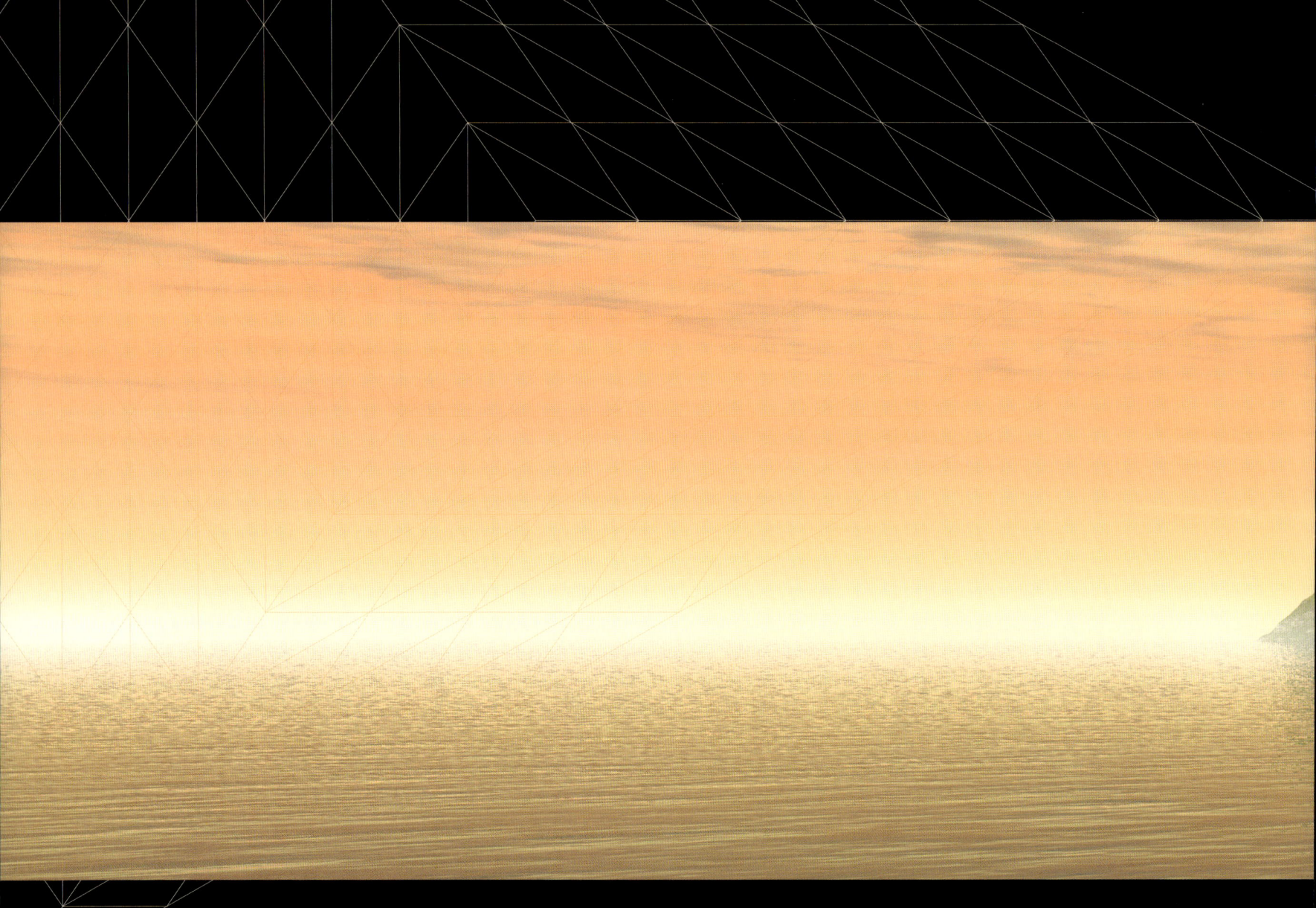

介 绍

介绍·地表之下

运动不息的星球

在人类的眼中，没有什么能比大地更加坚固，也没有什么比高山和大海更加永恒。可事实上，地球是非常好动活跃的。地球表面是薄薄一层岩石地壳，中心是主要由铁元素构成的地核，地壳和地核间是温度极高的地幔，高温熔融的岩石在其中缓缓地流动着。地壳由一些巨大的板块构成。地幔的运动不断推拉着地壳构造板块。这种地壳运动有时会表现为地震，并被人们感觉到；而在构造板块相互碰撞的地带或者新地壳形成的地方，常会有剧烈的火山喷发活动。

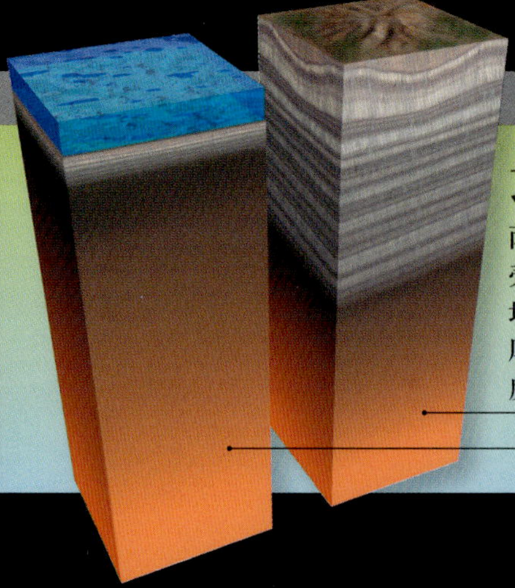

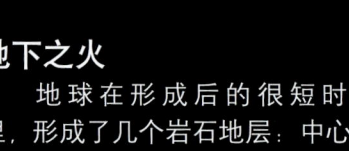

地壳厚度比较

地壳的主要构成物质是花岗岩和玄武岩，它们是两种不同类型的火山岩。地壳的厚度变化很大，最薄的地方在海洋下，仅有8千米厚；而在陆地上，地壳的厚度可以达到海洋地壳的8倍。

大陆地壳
大洋地壳

地球的起源

大约46亿年前，地球在高温和烈火中诞生了。此后，它渐渐地冷却下来，经过久远的岁月，演变成了一个生命的摇篮。

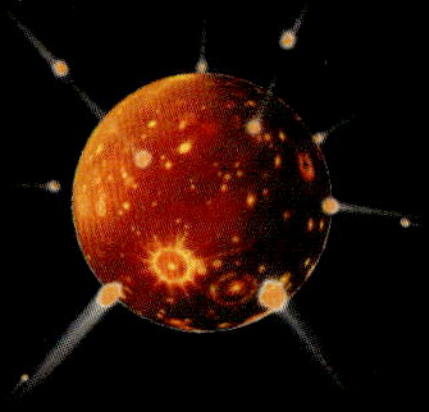

环绕在初生的太阳云周围的一些尘埃和气体，在太阳巨大的引力作用下聚合到一起，形成了原始地球。

原始地球在形成后不久，就遭到了一颗小行星的碰撞。幸好，这次碰撞的破坏力并不足以毁灭地球。

大碰撞产生的岩石碎块在地球的运行轨道上迅速聚合，形成了月球。

地球渐渐冷却下来，其表面形成了地壳。火山喷发和彗星坠落又为地球带来了水分，之后水汇聚形成了海洋。

地下之火

地球在形成后的很短时间里，形成了几个岩石地层：中心是高密度的、以铁为主要成分的地核；外面包裹着岩石构成的地幔；地球外围环绕着炙热的气体层。随着时间的推移，地壳逐渐形成。地表的水也汇聚到了一起，形成了广阔的海洋。在地幔之中，炙热的物质慢慢上升；冷却下来的物质因重力作用开始下沉，并向地核处集中。地幔物质的这一运动过程称为地幔对流。

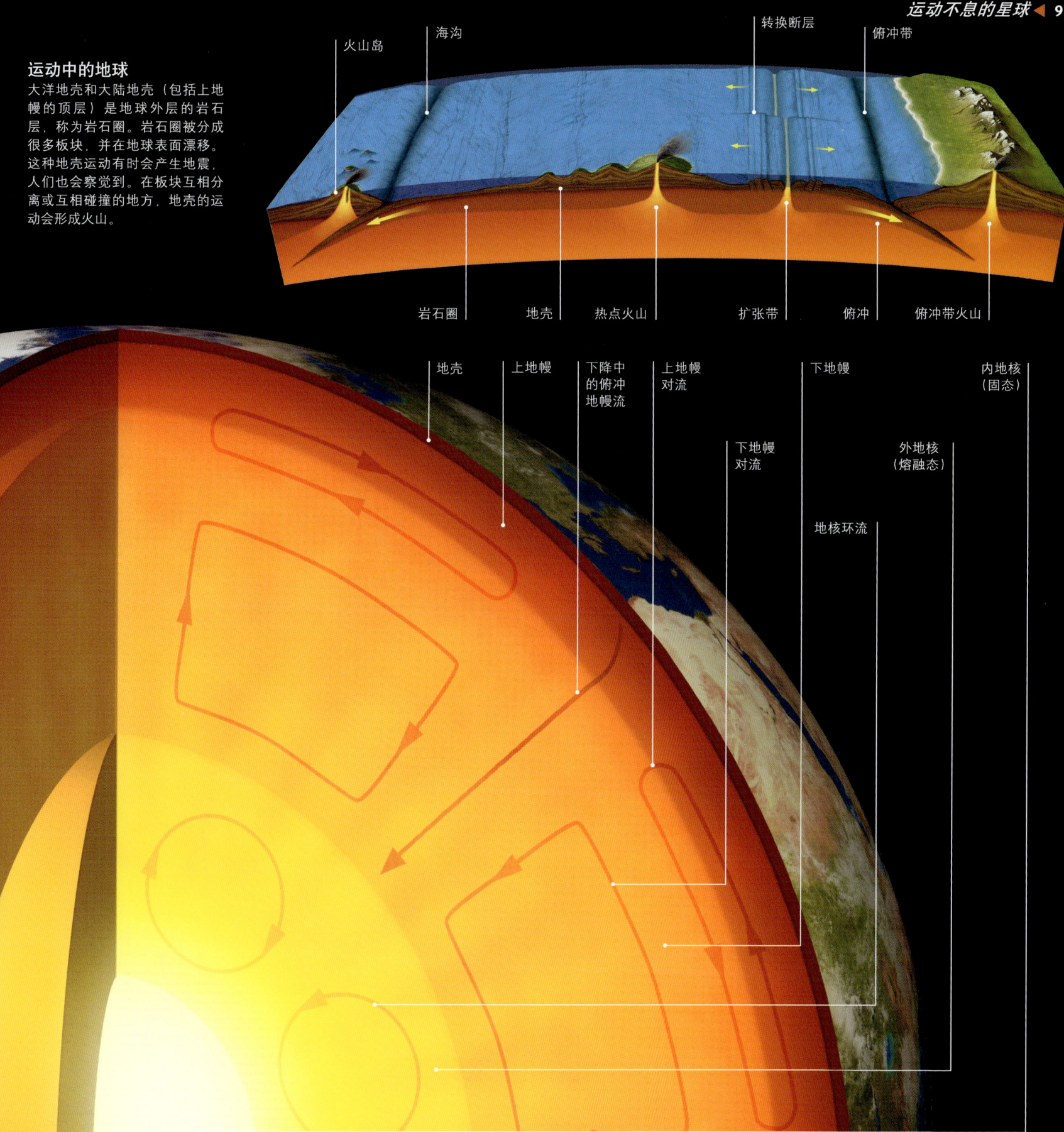

运动中的地球

大洋地壳和大陆地壳（包括上地幔的顶层）是地球外层的岩石层，称为岩石圈。岩石圈被分成很多板块，并在地球表面漂移。这种地壳运动有时会产生地震，人们也会察觉到。在板块互相分离或互相碰撞的地方，地壳的运动会形成火山。

不断扩张的海洋

在海洋的深处,两个构造板块发生碰撞的地带会产生巨大的海底山脉,称为大洋中脊。在这里会产生新的地壳,同时会向外扩张。当地壳迅速扩张的时候,大洋中脊常常呈宽阔的环状山脉,称作上升带;而当地壳缓慢运动时,大多数大洋中脊的顶端会形成一条深深的裂谷。直到19世纪20年代,人们在探索海底时才发现大洋中脊的存在,而在这之前,没有人知道它们的存在。科学家们如今已经能够直接地观察到它们,并且在探索这个神秘怪异而漆黑的海底世界:温度极高的海水从相当于15层楼高的、由矿物质构成的"烟囱"中喷涌而出,那里还生息着一些奇特的生物。

深处的火

这幅图显示了大洋中脊之上的一条裂谷。大多数火山运动出现在裂谷中心的狭窄区域(宽约1千米或者更窄)。熔岩只是周期性地从裂谷中的裂缝处喷发出来,而冒出黑烟的矿物"烟囱"可能在几十年、甚至数百年间都非常活跃。

红海的形成

从太空中观看,阿拉伯半岛与非洲大陆的分离形成了红海。一开始,阿拉伯半岛从非洲大陆地壳边缘分离出来,然后两块陆地继续漂移,越离越远,同时火山喷发使得海底不断拓宽,最终,这里就形成了一片海洋。

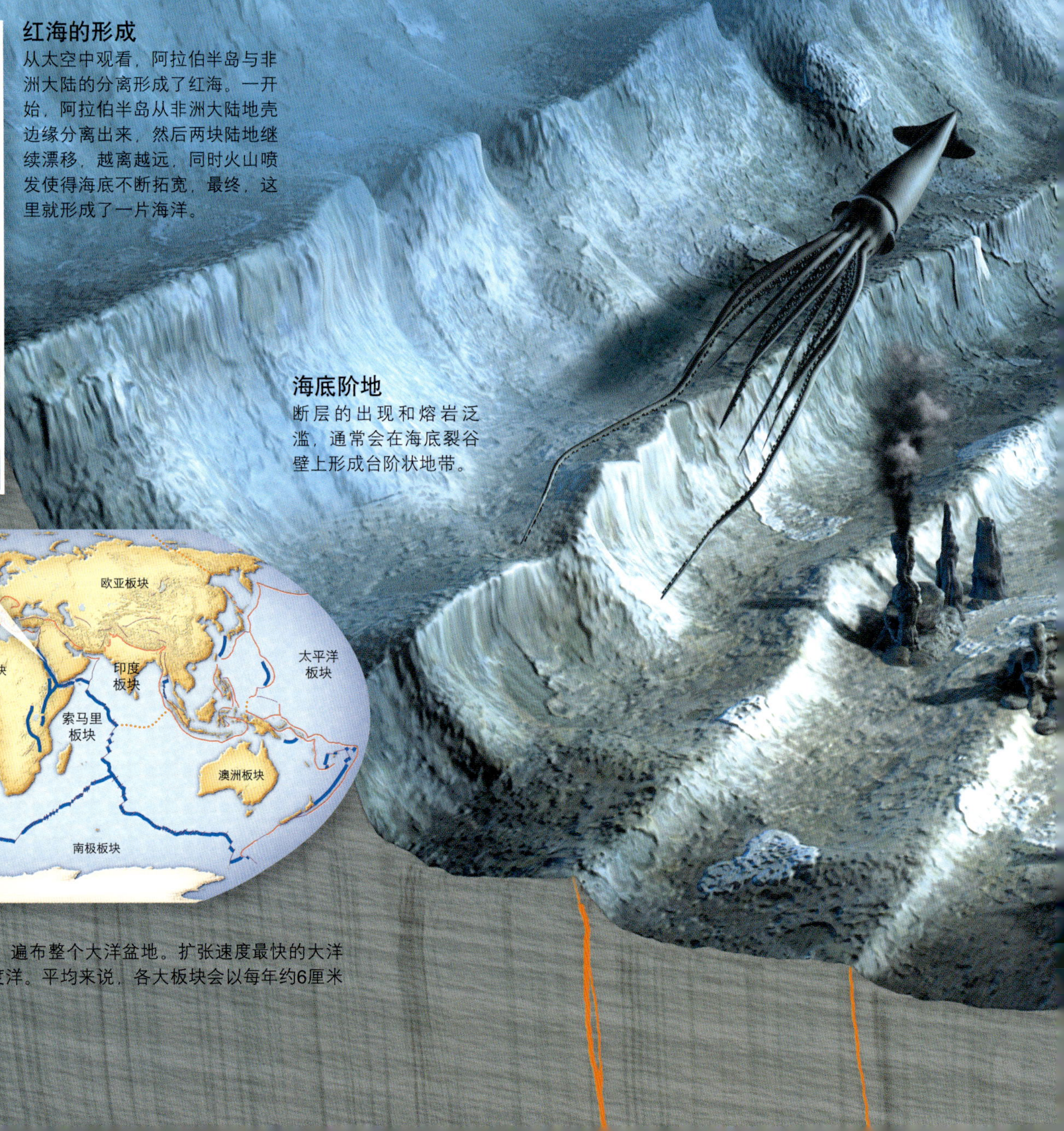

海底阶地

断层的出现和熔岩泛滥,通常会在海底裂谷壁上形成台阶状地带。

大洋中脊图

大洋中脊山脉(上图中蓝线所示)蜿蜒曲折,遍布整个大洋盆地。扩张速度最快的大洋中脊位于太平洋,最慢的在北冰洋和西南印度洋。平均来说,各大板块会以每年约6厘米的速度漂移。

地壳的扩张

我们所知的这些大陆在远古时期曾经是连为一体的整块陆地,称泛古陆。随着岁月的变迁,岩浆从地心上涌,冲破了大陆地壳,形成了印度洋和大西洋,并将这块泛大陆分裂成了几块。今天,地壳的这种扩张运动在非洲东部一些地区仍在进行。

对流的地幔物质即岩浆不断冒出,使陆地裂开,并形成断层。地面倾斜并下沉,在两个断层之间出现了一片宽阔的裂谷。

当陆地下沉到海平面以下,海水涌入裂谷。于是谷底就变成了海底,这样一整块陆地便被分割开了。

随着地壳的运动,海洋也不断地向两侧拓宽。海底在向两侧扩张的同时,海底不断地下陷和下沉,这样在裂谷的两侧便形成了高耸的山脊。

熔岩沉积物

新近喷发出的黑色枕状熔岩流,最终沉积在先前冷却、凝固了的枕状熔岩上。

探索深海

科学家使用小型载人潜水器或者称为ROVs(水下遥控运载工具)的有缆水下机器人探索大洋中脊。

炙热的裂缝

地幔中的对流物质冲出大洋中脊系统,并将岩浆带到海底。

海底黑烟柱

由海底"烟囱"喷发出的黑色热液,含有富含能量的矿物质。大量的微生物细菌靠这些矿物质生存,同时微生物又滋养了一个与其共生的生态系统,包括管蠕虫、盲蟹和其他奇异的生物,这些生物不需要阳光也可以生存。

冷海水渗入大洋地壳的裂缝当中。

高温海水上升并从海底"烟囱"之中喷发出来。

板块碰撞

地球上最高的山峰和最深的海沟，大多数是在大陆板块相碰撞的地方形成的。在很多地方，板块碰撞形成了地壳俯冲带。在那里，原先的大洋地壳遭到破坏，一些沉积物和海水下滑，回到地幔层之中，熔融消失。板块碰撞产生的巨大能量能够将石头熔化，在俯冲带形成很多地球上最具破坏力的火山。大陆地壳的密度不够大，没法沉降到地幔中，所以，在两块大陆板块相撞的地方，地壳因挤压而破裂，向上隆起，叠加在一起，并不断堆聚。一些巨大的山脉，如喜马拉雅山脉和阿尔卑斯山脉就是这样形成的。

板块边界示意图
大多数板块碰撞带（用红色标识）环绕在太平洋边缘，或沿着一片叫做特提斯海的古代海洋的边缘从澳洲延伸到欧洲。

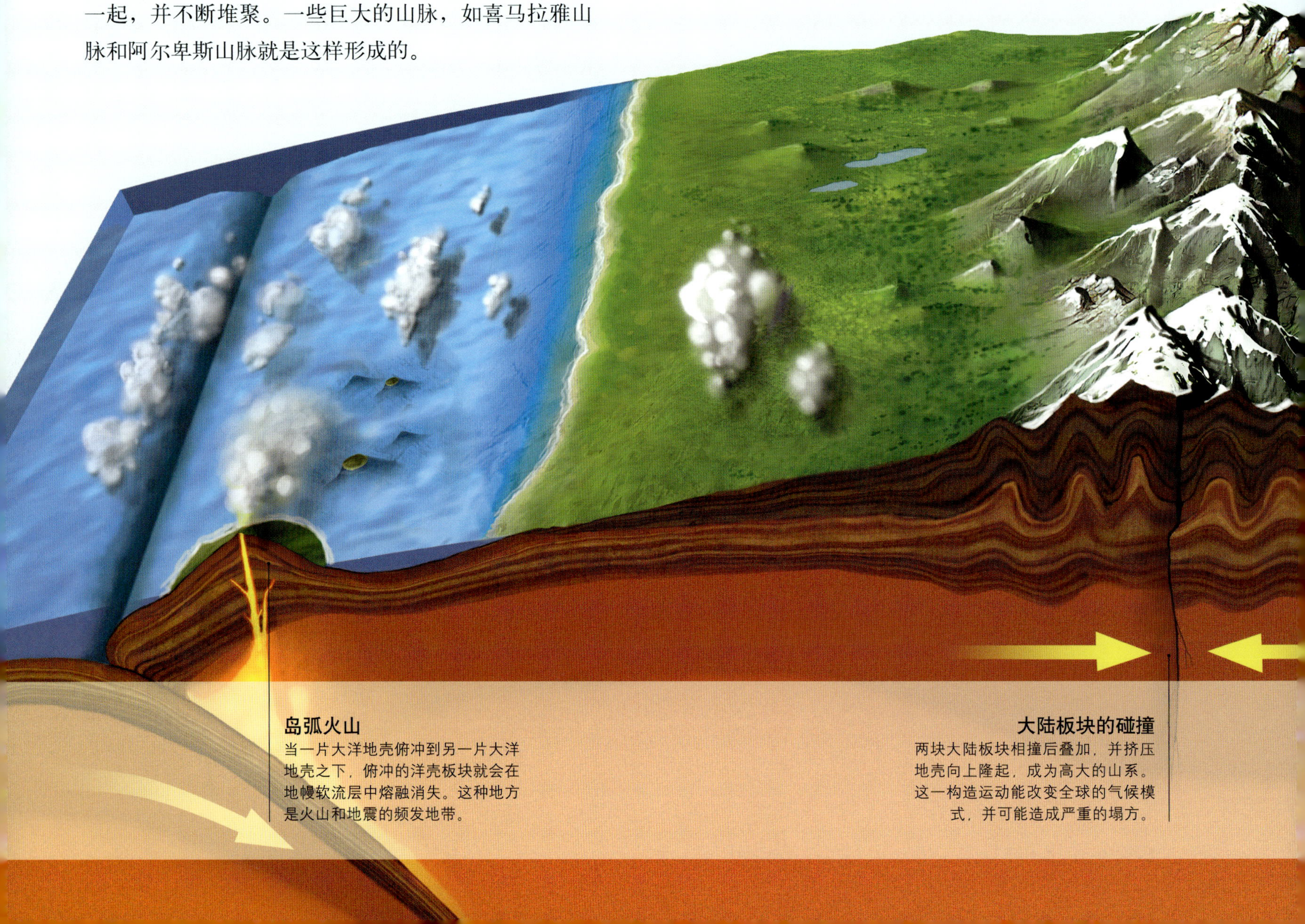

岛弧火山
当一片大洋地壳俯冲到另一片大洋地壳之下，俯冲的洋壳板块就会在地幔软流层中熔融消失。这种地方是火山和地震的频发地带。

大陆板块的碰撞
两块大陆板块相撞后叠加，并挤压地壳向上隆起，成为高大的山系。这一构造运动能改变全球的气候模式，并可能造成严重的塌方。

喜马拉雅山脉的形成

地球上最高、最年轻的山脉是喜马拉雅山脉,它是由印度次大陆和亚洲大陆之间的缓慢但力量强大的冲撞造成的。

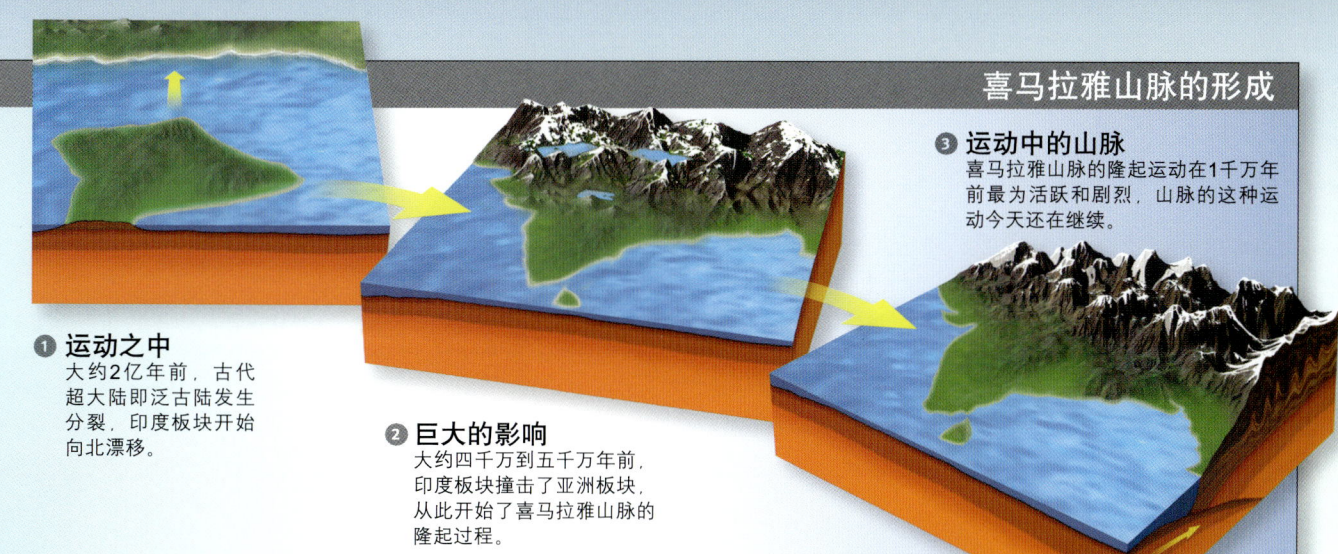

❶ 运动之中
大约2亿年前,古代超大陆即泛古陆发生分裂,印度板块开始向北漂移。

❷ 巨大的影响
大约四千万到五千万年前,印度板块撞击了亚洲板块,从此开始了喜马拉雅山脉的隆起过程。

❸ 运动中的山脉
喜马拉雅山脉的隆起运动在1千万年前最为活跃和剧烈,山脉的这种运动今天还在继续。

高山和海沟

当构造板块频繁发生撞击的时候,就会爆发出造山和制造海沟的巨大力量。别的地质过程都没有如此强大的力量,也不能以如此剧烈的方式来形成地貌。

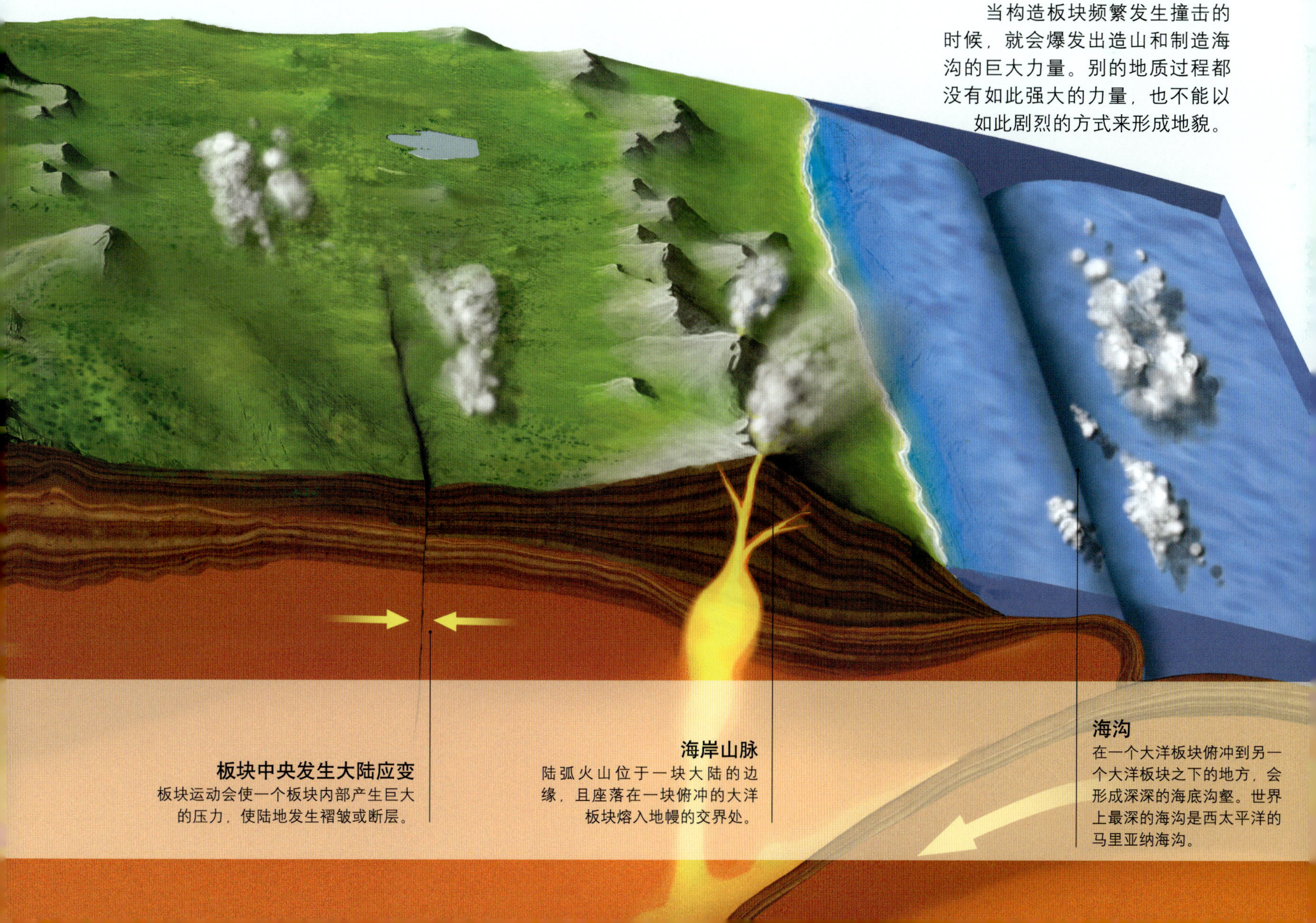

板块中央发生大陆应变
板块运动会使一个板块内部产生巨大的压力,使陆地发生褶皱或断层。

海岸山脉
陆弧火山位于一块大陆的边缘,且座落在一块俯冲的大洋板块熔入地幔的交界处。

海沟
在一个大洋板块俯冲到另一个大洋板块之下的地方,会形成深深的海底沟壑。世界上最深的海沟是西太平洋的马里亚纳海沟。

热点

地球上一些最壮观的火山和最大的岩浆喷口都是在热点之上形成的。炙热的岩浆像喷灯一样穿透地球岩石圈，这些喷发点就是热点。大多数热点火山是在远离地球构造板块边缘的地方形成的，并在附近的地形地貌中显著隆起。一个热点是固定不动的，而岩石圈板块从它上面经过并继续移动。经过数百万年的时间，板块在热点上方移动的过程中形成了火山链。在大洋地壳（如夏威夷火山）和大陆地壳（如美国的黄石火山）上方都有热点火山分布。

夏威夷热点火山
从旁边这幅太空拍摄的夏威夷群岛的照片上，我们可以清楚地看出热点和构造板块的运动轨迹。岩浆不断地填充照片右下角的那座大岛。其他几座岛屿也是在同一个地点形成的，但是，在太平洋板块缓慢向西北方向移动的过程中，被带离了原来的位置。

默默地成长
板块运动把火山移离岩浆源头，火山作用也就随之不断衰减。侵蚀作用开始占主导，并使火山逐渐变小。

火山链的第一位
离热点最近的火山会得到最多的岩浆供给，并迅速变大。

岛屿的形成
热地幔上升，在热点处熔化成岩浆，并持续地供应给上面的热点火山。海底的热点火山不断堆积增高，经过一百万年左右，逐渐升出海面，形成岛屿。

海底热点

火山在地幔热点上方冒出岩石圈的过程中，经过了形成、成长、消亡这几个阶段。单独一个热点就能同时给多个火山输送岩浆。同一地区的岩浆源联合在一起，加上板块移动，就形成了火山链，并且，沿着板块移动的方向，离热点越远的火山形成的时间越早。

渐渐消失

几百万年之后，在热点数百英里之外，昔日巨大的火山如今只剩顶端能勉强探出海平面。但是，如果海水足够温暖，就会有珊瑚暗礁在火山岛周围堆积，形成环礁。

全球热点分布图

在全球各地，无论是在海洋还是在陆地之下，热点分布看似毫无规律。和火山一样，热点的分布范围尽管很广，但是，它们的活跃程度大不相同。有些热点处在休眠状态，不过未来有可能会再度复苏。

重回地幔深处

板块不可避免地沿着俯冲带缓慢向下滑动，带着热点火山的残余物熔入地幔当中。

破火山口

罕见的、极大规模的火山喷发能够把火山深处的岩浆抽空，并在火山顶部形成圆形的凹陷，这称为破火山口。

环状断层和山丘

破火山口周围环绕的山丘是原来屹立在那里的巨型火山的残体。它们呈环状分布也揭示出破火山口是沿着一个环状的断层下陷形成的。

陆地热点

位于大陆板块下方的一个热点在上涌的时候，它的上涌速度常常会因为上方地壳的压力而放缓。在两次大规模火山喷发之间，会有大量的岩浆蓄积。

沉睡的巨兽

在火山喷发的间隙期，地壳中能形成一个巨大的岩浆储备库，面积甚至比一座大城市还要大。

陆地上最高的火山

虽然很多高山都有着更加高耸的顶峰，但是夏威夷的冒纳凯阿火山堪称地球上最高大的山体。如果从冒纳凯阿火山位于海底的隆起为起点，它的高度超过9 500米。

1. 盐泉峰，南美洲
   海拔 6 908 米
2. 乞力马扎罗山，非洲
   海拔 5 892 米
3. 达马万德山，亚洲
   海拔 5 681 米
4. 厄尔布鲁士山，欧洲
   海拔 5 642 米
5. 奥里萨巴火山，北美洲
   海拔 5 610 米
6. 锡得雷火山，南极洲
   海拔 4 181 米
7. 冒纳凯阿火山，夏威夷
   海平面以上的高度为 4 181 米，海平面以下的高度为 5 500 米

火山 剖面图

当地球深处的高温将岩石熔化，就会形成大量炙热而浓稠的液体——岩浆。岩浆或上升，或在巨大的地下岩浆囊中汇聚。在岩浆囊中的小晶体形成时，海水和气体以气泡的形式分离出来。在地表岩石压力的作用下，这些气体和新生成的岩浆，以熔岩或火山灰的形式通过地壳上的裂缝喷涌而出。在火山喷发的过程中，蒸汽、气体和岩块形成大团的喷发云。熔岩和岩浆喷发出来，形成火山灰或火山渣。体积小、温度高的熔岩就像子弹一样被喷发出来，并在飞行的过程中冷却变硬。

中央通道
从火山深处的岩浆囊中向上伸出的火山主通道。岩浆和气体向上涌起，以熔岩或火山灰的形式从主通道中喷发出来。

岩脉
火山内部有一些垂直的或接近垂直的管道，岩浆通过它们向上运动，并冲破地壳形成火山口。这种管道就叫作岩脉。

裂缝喷发
当熔岩从沿着地表裂缝一字排开的数个火山口同时喷出，而不是单独从一个裂口喷发出来时，称为裂缝喷发。裂缝喷发带可以长达数英里。

火山剖面图 17

地下有什么？
在火山坚硬的岩石里面有一些熔融的岩浆囊和管道。火山学家通过研究地震数据、地表应力和喷发出的熔岩中含带的矿物质来研究火山。

火山口
熔岩、灰屑、气体和蒸汽从这个烟囱状的火山顶端或旁边的开口处喷出。火山口的直径小到几英尺，大到几英里。

侧火山口
当岩浆沿着不通向主火山口的火山通道喷出地面时，就会生成一个新的喷发口，称为侧火山口。

火山锥
火山锥是由以前喷发出的火山碎屑物和熔岩堆积而成的。

岩盘
岩浆不是总能通向地面的出口，没有喷出的岩浆就会汇聚在一起，形成穹隆状的岩浆侵入系统，这就是岩盘。岩盘能够将覆盖在它上面的岩石层拱起。

火山的类型
火山按照岩石构成、自身的形状及喷发历史来分类。火山喷发期间地球表面的状况，以及空气、水、冰等因素都会决定火山形成的类型。

火山渣锥
火山喷发时会产生比较温和的爆炸，喷出的火山渣在中央通道周围堆积成锥状的山体，形成火山渣锥。有时，喷发出的熔岩流最后会填满整个火山口。

复合型火山
即层状火山。这种火山高耸入云，坡度较陡。这种火山是在多次喷发时，交替喷出的火山灰和熔岩一层一层叠加起来构成的。复合型火山因为锥状的山体外形而广为人知。

盾状火山
熔岩完全从中央通道喷出，并呈放射状覆盖在火山口而形成的火山。这些体积宽大的火山可能是由单独一次的喷发形成的，也可能是由上千次喷发共同形成的。

裂缝和裂谷
呈线条状的地表裂口，岩浆从其中喷涌而出，形成一座裂缝火山。火山喷发与地质运动使裂缝两侧的熔岩形成一座裂谷火山。

火山爆发指数

火山爆发指数（VEI）是火山喷发的危险性的指标体系，以火山爆发出的喷发物总量和喷发能量来计量。VEI使用对数计算进制，数值每增加1个单位，代表火山喷发的规模和能量增大了10倍。左表是一些著名的火山喷发及其VEI值。

VEI: 0 1 2 3 4 5 6 7 8 9

1. 基拉韦厄火山，夏威夷 1983年喷发
2. 斯特龙博利火山，意大利 公元前2000年一至今都在喷发
3. 内瓦多德鲁伊斯火山，哥伦比亚 1985年喷发
4. 圣海伦斯火山，美国 1980年喷发
5. 维苏威火山，意大利 公元79年喷发
6. 皮纳图博火山，菲律宾 1991年喷发
7. 喀拉喀托火山，印度尼西亚 1881年喷发
8. 坦博拉火山，印度尼西亚 1815年喷发
9. 陶波火山，新西兰 公元186年喷发
10. 托巴火山，印度尼西亚 73000年前喷发

火山喷发类型

火山的喷发形式多种多样，并会同时释放由多种气体、熔岩、岩石碎片构成的混合物。火山可能从主火山口喷发，也可能从多个火山口同时喷发。如果这些火山口成行排列，就称之为火山裂缝。火山喷发的类型取决于多种因素，例如：火山内部岩浆的聚集量、岩浆的温度、是否含有水分等（如湖泊或海洋中的喷发）。火山学家划分出两种主要的火山喷发类型：如果熔岩缓慢地从火山口流出，就是溢出式喷发；如果岩浆猛烈地喷出来，形成火山灰云，然后落到地面，就是爆炸式喷发。

普林尼式喷发

这种火山喷发形式以古罗马人小普林尼的名字命名。公元79年，小普林尼记载了维苏威火山的喷发过程，当时的喷发柱高达45千米左右，喷出物覆盖面很广。还有一种非常罕见的超级普林尼式喷发，其威力更为巨大。

喷发量比较

火山喷发时抛出的喷发物总量能够很好地显示火山喷发的总体威力。火山喷发量可多可少，差别很大，有的火山喷发物只能装满一栋房屋，有的可能是它的数千万倍。

2 800km³	1 000km³	80km³	18km³	10km³	3km³	1km³
托巴火山	陶波火山	坦博拉火山	喀拉喀托火山	皮纳图博火山	维苏威火山	圣海伦斯火山
VEI:9	VEI:8	VEI:8	VEI:7	VEI:7	VEI:6	VEI:5

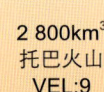 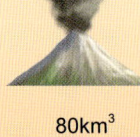    

火山喷发类型

夏威夷式喷发
以夏威夷群岛命名的喷发形式。火山喷发时，喷出的炙热岩浆主要会形成熔岩流，偶尔也会形成熔岩湖。喷发初期的气体释放量很大，由逸出气体推动的熔岩到达地表时会形成熔岩喷泉，喷射高度可达1千米。

斯特龙博利式喷发
以意大利斯特龙博利火山喷发命名。这种喷发产生多次爆炸，并将块状的炽热熔岩喷入空中200多米，之后落在火山口附近的地面上。

在浓烟中上喷
很多火山类型是以具有该种喷发特点的著名火山而命名的。但是，每一次火山喷发都会略有不同，而且，任何一座火山都可能在其活动期内以自己的方式喷发。

武尔卡诺式喷发
以意大利武尔卡诺火山命名。这种喷发规模较小，但是能将火山灰和火山渣喷到20千米的高空中，而且喷发物下落时覆盖的地面范围要比斯特龙博利式喷发大得多。

培雷式喷发
以马提尼克岛的培雷火山喷发形式命名。这种喷发与武尔卡诺型喷发和普林尼式喷发相似，不同的是，当充满了粘稠岩浆的熔岩穹丘突然爆发时，会产生大量乳浊状液体流，它们由高温气体、熔岩块和火山灰组成，并受重力作用迅速流动。

苏特塞式喷发
是以1963年冰岛南部海域火山喷发后形成的苏特塞火山岛而命名。苏特塞式火山喷发是反复式的喷发，大量浅海海水与高温岩浆相遇时发生爆炸，形成一个由岩石碎片组成的火山锥。如果喷发持续的时间足够长，就会因为海水的侵入，使之后的喷发变得不那么强烈。

熔岩和火山灰

没有完全相同的两座火山或两次喷发，但是，每次火山喷发都会从一个或多个火山口喷涌出炙热的物质，并把高热的地球内部和地表联系在一起。火山喷发物包括气体、火山灰、熔融状态的熔岩与称为火山块和火山弹的固体熔岩块。一些火山喷发时，会在火山口附近堆积起厚厚的熔岩或者火山碎石；另一些火山喷发时，喷发柱高高地冲入云霄，并把喷发物带到很远的地方。它们散落下来时会分布得很广。不过，火山即使没有喷发活动时，也会从喷气孔里释放出大量气体，或者从汩汩涌流的火山喷泉中流出沸水。

火山灰的分布
火山灰有时会形成高高的灰柱，甚至冲进平流层，并被盛行风吹到遥远的地方。

火帘
液态的熔岩能够从火山山体的线形裂缝（即火山裂缝）中喷出，形成一道火帘似的奇妙景观。

熔岩管道破裂
熔岩管道中的熔岩在重新钻出地面之前，能够在地下流动很久。

渣块熔岩流
这是夏威夷土著所起的名字，这种熔岩流冷却变硬后，表面粗糙、多孔带刺、形状各异。

熔岩带来的危害
几乎所有的熔岩流的流速都比较慢，这留给火山附近的居民足够的时间撤离到安全地带。但是，火红的高温熔岩流所经之处，森林、建筑、车辆和各种指示牌都会被点燃、烧毁。

熔岩弹
火山喷发时将大团熔融态的熔岩喷到空气中，熔岩在飞行的过程中冷却变硬，并因空气阻力的作用形成各种形状的熔岩弹。

熔岩管道的形成

有时，熔岩在地下管道中流动，而当熔岩流的供给停止时，就会形成内部中空的管状隧洞。

① 火山喷发时，液态的熔岩流沿着火山一侧的沟槽向山下流淌。

炙热的熔岩流

② 一段时间之后，熔岩流的上表面和左右侧面开始冷却，并凝集在一起，这时只有管道中间的熔岩还在流动。

熔岩河

③ 最后，整个上表面冷却成固体硬壳，使熔岩流不再暴露在地表，只有地表以下的熔岩流能沿着管道流到更远的地方。

固体硬壳

④ 当火山停止喷发，不再有熔岩涌入管道的时候，就留下了一条中空的比地铁隧道还要宽的熔岩管道。

熔岩和火山灰 ◂ 21

爆炸
在火山喷发初期，高热的液体熔岩常常是由于下面的气体发生爆炸而冲出地表，像一罐激射出来的苏打水一样。由环形火山口喷出的火红的炙热熔岩，能够冲上200多米的高空，形成一股火山喷泉。

火山喷发过程
如果从安全的距离来观看一座正在喷发的火山，那种富有戏剧性的变化景观，有时也很美丽。但是，火山喷发大都很危险，并具有破坏力。这张图中显示了多种类型的火山喷发，以及不同种类的火山堆积物，当然我们不可能在现实中看到一座火山同时具有这么多特点。

火山碎屑流
这种夹杂着熔岩碎屑的高温气体和火山灰形成的混合流，常常紧贴着火山表面高速喷泻而下。

火山灰降落
1995年，在沉睡了几个世纪之后，加勒比海域蒙塞拉特岛上的苏弗里耶尔火山苏醒了过来，并发生了一系列火山灰喷发。1997年该岛首府普利茅斯市被火山灰和火山碎屑摧毁并被埋在下面。岛民只能放弃普利茅斯，又新建了一座首府。

绳状熔岩流
古代夏威夷居民用这个词来形容熔岩流平缓地流过地表，它的表面平坦，有时会有轻微的层叠，形状看起来就像一盘绳子。

火山地貌

自从地球诞生之日起，火山就开始造就并影响地球的外貌：制造出高山、高原、火山口、岛屿，还有连绵起伏的丘陵和肥沃的农田。火山喷发的时候，人们很容易认出它来；那些有着特定外形或喷发物的休眠火山和死火山，也不难辨认；火山喷发导致的地貌变化，甚至在几亿年之后还可以被辨别出来。但是，其线索常常是隐蔽而不易察觉的，需要火山学家经过专业训练的慧眼才能发现。

休眠火山
有些火山在两次喷发之间可能会平静几个世纪。在这期间，植物、动物和人类可以在其附近的沃土上生长和居住。不过，那些频繁活动的火山却是最危险的。

火山岛
在海底喷发而形成的火山可能会向上运动。如果它们露出海面，就形成了火山岛；如果火山在露出海面之前就停止了生长，则被称作海山。

与火山共存
火山喷发后形成的土壤通常都非常肥沃，可能正因如此，虽然火山附近是危险区域，却也常常是人口稠密的地区。

烈火造就的陆地
图中所示是假想出来的地貌，但是，我们可以在全世界范围内找到这些火山遗迹。根据这幅假想图，即使离你最近的活火山也在千里之外，但你事实上也身处火山喷发形成的地貌之中。

火山地貌 ◀ 23

破火山口的形成

破火山口通常是火山反复喷发的过程中形成的，而且在它成为死火山的几百万年之后，还能够被辨认出来。

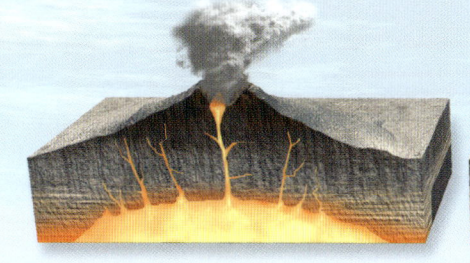

大多数火山喷发能够将大量岩浆从火山底部的岩浆囊里释放出来。

持续的火山喷发能够将火山岩浆囊部分抽空，使火山底部出现中空。

当火山由于重力作用沿着环形的断层塌陷时，山体就会掉进岩浆囊中，这样就形成了一个巨大的破火山口。

破火山口

岩浆和气体在火山底部的巨大岩浆囊中汇聚。当岩浆回流或被喷发出去以后，就留下了一个巨大的空洞，这致使火山山体失去支撑而塌陷，并形成破火山口。

尖峰和火山岩墙的形成

尖峰和火山岩墙可以说是大自然构造出的奇特作品，它们是在火山作用和侵蚀作用的共同影响下形成的。

炙热的岩浆填充了活火山内部的火山柱和管道。

火山岩墙

世界上有很多引人注目的地质结构，其中之一就是已经沉寂很久的火山留下的标记——火山岩墙。火山柔软的外层山体被侵蚀殆尽之后，露出的内部更为坚硬的岩体，就是火山岩墙。

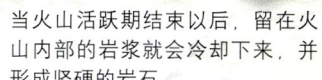

当火山活跃期结束以后，留在火山内部的岩浆就会冷却下来，并形成坚硬的岩石。

火山口湖

有些充满水的破火山口演变成了湖泊，其湖面宽阔，可达几十英里。火山喷发的气体和地下热泉使湖水具有独特的颜色，并含有特殊的化学成分。

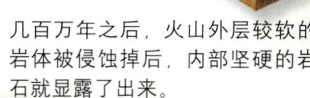

几百万年之后，火山外层较软的岩体被侵蚀掉后，内部坚硬的岩石就显露了出来。

熔岩洪流

偶尔，巨量的熔岩从地球表面的裂缝喷涌而出，淹没地表，形成大片熔岩平原。经过上百次的这种喷发之后，一片熔岩厚度达数英里的平原就形成了。后来，侵蚀作用和断层作用将平原变成了有着阶梯状阶层的陡峭地貌。

地热喷泉和间歇泉

地球上的每个地方，由地表往下，随着深度的增加，地球内部的温度也随之升高。火山附近的区域更是如此。当地下水环流经过炙热的岩石，就会被热岩加热，其密度也会变小，并可能因压力作用而冲出地面。自然喷发出地表的地下热水称为地热喷泉。有时地下热水会充满地下的空腔，压力也不断增大，于是会周期性地喷出地面，形成地热喷泉。在一些国家，科学家和工程师利用这种地下热水给住宅供暖和发电。这是一种清洁的发电方式，其主要的副产品仍是水。

蒸汽世界
地热水在陆地上和海洋中都能找到，其水温很高，从热水到沸水甚至更高温的蒸汽，各种状态都会存在。这些地热水富含稀有的化学盐，而且经常带有硫化氢气体所特有的臭鸡蛋味道。

岩石的能量
人们利用从地下抽取上来的高温地热水发电，或者将其转换成清洁的热水，供附近城镇居民使用。

猿猴的温泉
不只人类，其实动物也喜欢地热温泉浴。如图片所示，生活在日本志贺高原火山地区的日本猕猴，就是因其喜欢泡在附近的地热喷泉中躲避冬日的寒冷而闻名于世。

供水系统
冷水通过竖井被注入地热库，在那里被加热后再被输送回发电厂。地热水通常含盐量过高，无法直接用来发电，所以人们使用巨大的管道把地热水的热能传递给淡水，再用加热后的淡水来驱动涡轮发电机。

炙热的泥浆
地热水长期持续的释放热能，并将喷泉附近的岩石熔融成粘稠的泥浆，形成汩汩翻涌的"泥罐"或"大泥锅"。

地热喷泉和间歇泉

间歇泉的形成条件
间歇泉非常罕见，因为至少需要同时具备三个条件才能形成：丰富的地下水蕴藏量；充足的地热能量；足够大的压力和不透水的深泉通道。

地下水流经灸热的岩石和岩浆时被加热，水温上升。

上面的冷水像水壶盖一样罩在下面的热水之上，冷热相遇，压力也随之产生。

最后，地下热水的压力超过上方冷水的压力，并喷出地表，形成了间歇泉。

水的雕琢
在很多地热地区，地表都覆有层次分明的矿物沉积层，这是由地热水携带上来的碳酸盐、硅酸盐或者硫化物形成的。

激流勇进
间歇泉是地表以下的地热水间歇性喷发形成的。美国黄石公园的老忠实泉和冰岛西南部的盖瑟泉都是世界著名的间歇泉。

跳进去吧！
很多地热喷泉区都是旅游胜地，特别是那些地热水与河流或湖泊的交汇处。在那里，热水与冷水汇流，水温适宜，人们泡起温泉来更加舒服。

间歇泉的驿站
在每一个间歇泉的下方都有一个充满了地下水和蒸汽的洞穴。

野外作业的火山学家

火山学家是专门从事火山研究的科学家。他们应用地质学、化学、地理学、矿物学、物理学和社会学知识，了解和解释火山是如何形成的，何时会喷发，喷发的频率是怎样的，以及火山喷发对人类和地貌会产生什么影响等问题。火山学家的一项重要工作就是要进行野外实地作业，通过各种测量来了解火山正在发生什么变化，或者曾经发生了什么。其他的测量工作会在试验室里进行，或者由人造卫星明察秋毫的电子眼来做。要搜集和解释这些庞杂的数据，需要一组有献身精神的科学家通力合作，以便能够随时向人们发布火山预警信息。

工作中的火山学家

火山学家将很多特殊的仪器带到火山喷发现场进行研究。活火山是一个随时会有变化发生的工作场所，虽然这令人兴奋，但是，他们必须仔细地做好野外作业的充分准备，并要时刻警惕是否会有危险发生。

测量结果说明问题
科学家会仔细地测量火山地形，连最微小的变化也不放过，因为火山表面的一处隆起就可能意味着一次喷发即将来临。

上山的捷径
火山学家乘坐直升飞机到达地处偏远的火山，可省去很多地面的跋涉。但是，直升飞机驾驶员需要具备特殊技巧，才能安全飞越崎岖不平的地形，并穿过携带大量喷发微粒的高温大气层。

这是气体
火山喷发释放出成分复杂的混合气体。科学家用真空试管采样，密封之后将其送回实验室做化学分析。

电子鼻
科学家使用一台专业的分光仪来测量从火山里喷发出来的二氧化硫含量。监测这种危险的气体可以帮助科学家们了解火山内部的状况。

岩石中的线索
火山学家经常选取岩石样本带回试验室,研究它们的内部结构、矿物属性和组成成分。一种研究方法是在偏光显微镜下观察岩石样本的薄切片,岩石的矿物成分在显微镜下会以鲜明的颜色显示出来。

小心!
火山学家在野外工作时,无法预知火山什么时候可能会发生小规模喷发,甚至会将炙热的熔岩碎片或有毒气体喷向他们。所以,他们总是以小组为单位进行工作,相互照应,并且密切注意周围的变化。

炽热的工作地点
在温度高达1 200摄氏度的岩浆流边工作时,人会感到非常的灼热,因此火山学家在采集岩浆样本时,必须身穿特殊的抗热服饰。

当地震 发生时

如果你感觉到大地出现一阵摇晃、跳动或者颤抖，可能就是发生地震了。每当地壳深处断层两边的岩石突然断裂并彼此错开的时候，就会发生地震或大地轻微抖动。地震的强度和持续时间取决于很多因素，如地壳裂缝的深度、断层错动时岩石承受的压力大小，以及岩石的种类。很多地震是由于地壳中的一些岩石抵抗地球深处的运动，导致构造板块发生断裂、碰撞和错动而引起的。另外一些地震是地壳上有巨大的质量被积累起来或被迅速移开而引起的。

里氏震级

美国地震学家查尔斯·里克特在1935年发明出这种计测地震震级的标度。里氏震级标尺上每增加一个标度，代表地震强度增大10倍。也就是说，7级地震的强度是6级地震的10倍，是5级地震的100倍。

伤痕累累的地球

全世界每年能监测到的地震有50多万次。大多数地震都很微弱，无法被人们察觉到，但是，每年大约会发生100次强烈地震，并会对人类造成损失。

断层的类型

地壳内部某处的岩石因发生移动而造成的地壳裂缝就是断层。断层按照岩石移动方向分为不同的类型。沿着断层断裂方向发生的地壳运动通常是缓慢的潜变，但是突然产生的大规模地壳移动就会造成地震。最强烈的地震会撕裂地表，改变地形。

震中
震源正上方的地面称为震中。

正断层
倾斜断裂面上边的岩石相对于下边的岩石向下错动。

冲断层或逆断层
倾斜断裂面上边的岩石相对于下边的岩石向上错动。

震源
地球内部岩层积聚的能量突然得到释放，形成地震波的地方。

横褶皱或走向滑动断层
断层两侧的岩石沿断层面在水平方向上相对滑动。

麦加利地震烈度修订表

麦加利地震烈度表是由意大利火山学家朱赛佩·麦加利在1902年引入的，用来量度某一特定地点受到地震的破坏程度，即地震烈度的量度单位。因为曾被多次修订，所以现在称为麦加利地震烈度修订表。它和里氏震级一样，经常用来表明地震的大小。不过，地震学家如今已发明出衡量地震大小的新方法。

I度 无感
几乎不能被人觉察到，只有仪器能监测出来

II度 微感
个别敏感的人有震感，特别是住在楼宇中的人

III度 弱感
室内的人有震感，特别是住在楼上的人；悬挂物轻微摆动

IV度 中度
室内大多数人、室外少数人有震感；盘子、窗户、门碰撞作响

V度 较强
几乎所有人都有震感，睡觉的人被惊醒；小物件移动，树木和电线杆会颤动

当地震发生时 29

VII度 极强
人站立困难；优质建筑轻微或中度受损；劣质建筑受损较重；烟囱破裂

VIII度 破坏性的
普通建筑受损较重；劣质建筑受损严重；重型家具翻到；一些墙壁倒塌

IX度 毁坏性的
特殊建造的建筑毁坏严重；建筑物脱离地基；地面出现明显裂缝；地下管道破裂

X度 灾难性的
大多数砖石建筑、木质建筑和地基崩塌；地面破裂严重；铁轨弯曲变形

XI度 严重灾难
只有少数建筑物尚未倒塌；桥梁毁坏；地面出现宽阔的大裂缝；地表出现波浪式变形

XII度 全面摧毁
所有建筑物普遍被摧毁；地形剧烈变化，呈波浪状；重型物体能被抛入空中

预防 地震的准备

或强烈或温和,或持续或短暂,地球上每天都会发生多次地震。虽然我们知道地震发生的原因,但是还不能预知,也不能阻止大地用如此令人生畏的力战胜我们。尽管如此,我们仍在努力做到未雨绸缪。通过研究以往在地震中遭遇的频率、种类、规模、地壳模式以及建筑物毁坏程度,地震学家和土木工程师能够选择在地震灾害性最小的地点来建造房屋和道路,设计出更科学的建筑结构,提高其抗震性能,更好地为受地震引起的摇摆、滚动、上弹,灾害发生时,事先做好防震准备,能够迅速制定出有效的应对计划。

令人叹为观止的宝塔

在日本,很多佛教宝塔矗立千年而不倒,而曾经陪伴它们周围并已被地震摧毁的建筑物,却不计其数。直到最近,现代土木工程师才揭开了古人这种抗震设计的谜底。

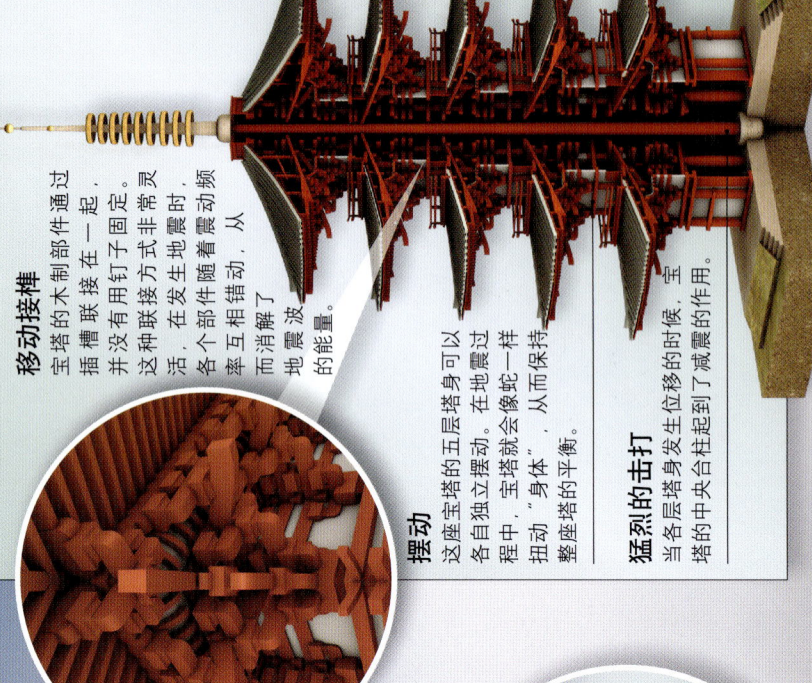

移动接榫

宝塔的木制部件通过插槽联接在一起,并没有用钉子固定。这种联接方式非常灵活,在发生地震时,各个部件随着震动频率互相错动,从而消解了地震波的能量。

摆动

这使宝塔的五层身可以各自独立摆动。在地震过程中,宝塔就会像蛇一样扭动,"身体"从而保持整座塔的平衡。

猛烈的击打

当各层塔身发生位移的时候,宝塔中央合柱起到了减震的作用。

头重脚轻

被安置在高层建筑顶部的调谐质量阻尼器,是一个沉重的装置,能够向建筑物主体移动的相反方向移动。其设计用途是在遭遇大风吹或地震时,使建筑物保持平衡。

做好最后的打算

这种对角线交叉安设移动变形幅度大于设计幅度而引起倾倒。

防震训练

在世界上的某些地区,防震演习是学校常规生活的一部分。发生地震时,课桌下面是个安全的藏身之处。

处"乱"不"惊" 代价高

建筑师和土木工程师总是在寻找着建造抗震结构的新方法,同时设法提高旧建筑的抗震能力。但是这些技术的造价很昂贵,所以在不发达技术的落后地区,地震造成的生命和财产损失非常巨大。这实在令人悲哀。

统一布线

地震高发区的很多城市中,把电缆、水管、经气管道、电话线等都布在同一个经特殊加固地震波处理的隧道中,以保护它们不受地震破坏。

高强度支柱

经过钢筋加固的高强度混凝土支柱,能够很好地抵消地震波的挠曲作用和振动作用。

横向错动

线性滑座式地基使整座建筑可以沿水平方向滑动,这样可以抵消掉地震波的部分能量,以防建筑物被撕裂。

可以弹动的建筑

安装在建筑物主体和地基之间的这个联接装置,能使建筑在地震时随着地面的颠簸而上下起伏,以此来抵消地震波的能量,减小受损程度。

地震之后

地震会导致严重的人员伤亡和财产损失，特别是当地震的规模很大并且波及的地区人口稠密时。大地震会使建筑物倒塌，管道破裂，还会切断电力供应，所有这些破坏都会极大地打乱人们的正常生活秩序。地震波在坚硬的基岩中传播速度很快，而且在经过质地较软的沉积物和土壤时，会把它们立刻变成浆状物质。正因为如此，在一座城市中相距不远的两个地方，遭到的破坏可能会非常不同。震后，火灾、饮用水缺乏和排污系统的破坏，会使灾情雪上加霜。

火灾破坏
地震引发的次生灾害往往是由燃气管道破裂、汽油罐破裂或化学物质溢出引起的火灾。火灾所造成的人员伤亡和财产损失往往比地震本身的破坏还要大。

空中救援
当公路和铁路断裂或被堵塞的时候，直升飞机几乎就是进出地震灾区的唯一交通工具了。

用裸眼来探测
救援人员使用带有转向功能的微型"蛇眼"摄像头来寻找埋在废墟下面的人。

生命的气息
救援人员通过探测人体呼出的微量二氧化碳，来寻找被埋在废墟之下的幸存者。

地震之后 33

液化作用
强烈的、快速的震动能够把质地较软的沉积物和土壤变成浆状，导致建造在其上的楼房等建筑物沉陷或倾倒。

救人第一
在地震等自然灾害发生之后，救援人员的第一要务就是救出幸存者和照料伤者。被困在建筑物内的人会缺乏氧气供应，或者得不到饮用水，所以，救援工作必须尽快展开，救援人员是在与时间赛跑。

大地移动
塌方是地震引起的另一种次生灾害。整个城镇都被松散的土壤和石块埋在下面。

大倾轧
某些建筑质量不高的多层建筑在坍塌时，楼层就像扑克牌那样一层一层地叠垛在一起。

水资源的浪费
清洁的饮用水对震后的生还者来说至关重要，但是消防员需要用大量自来水来灭火。所以，自来水总管的破裂是震后的一个大问题。

搜救犬
搜救犬拥有超级灵敏的嗅觉，可以帮助救援人员搜寻被埋在废墟下的人。很多犬种都适合做搜救犬，但是，它们必须接受大量的训练才能胜任这份工作。每当灾害发生后，搜救犬训练员就带着自己的搜救犬从世界各地赶来帮忙。

大地听诊器
超敏感扩音器能够捕获废墟下幸存者发出的最轻微的声音。如果同时使用多个扩音器，救援人员就能够准确定位出幸存者的位置。

海啸的发生

海啸的英文名称来源于日本语中的"港口的巨大波浪"。海底地震、火山喷发或水下塌方都会撼动海底,由此引发海啸。巨大的海浪在海面下迅速传播到数千英里之外,但它从船只下方经过时人们却很难发觉。海岸线附近的海底隆起,在海浪底部起到了一个制动器的作用,迫使海啸减慢速度,改变方向,向上暴涨,形成高耸的水墙即波列,冲上陆地。巨浪携带的能量击打、冲刷着海岸,会对人类造成巨大的生命和财产损失。

海啸灾难
1. 1946年 阿拉斯加地震引发海啸。几小时之后,海啸就夺去了夏威夷159人的生命。
2. 1964年 阿拉斯加地震引发的海啸横扫美国西海岸时,巨浪吞噬了122人的生命。
3. 1896年 海啸袭击了加利福尼亚海岸的洛杉矶。
4. 1960年 海啸造成智利1 000人丧生,夏威夷群岛61人丧生。
5. 1775年 里斯本地震引发海啸。遇难者超过60 000人。
6. 1883年 喀拉喀托火山爆发,海啸狂扫印度尼西亚,造成36 000人死亡。
7. 2004年 强烈地震激起的巨浪奔腾数千英里,袭击了至少14个亚洲和非洲国家的海岸线。致使225 000余人身亡。
8. 1976年 菲律宾海啸导致超过5 000人死亡。
9. 1998年 海啸登陆巴布亚新几内亚的北海岸,2 000多人遇难。
10. 1896年 日本三陆大海啸夺去26 000多人的生命。

海底地震
大多数海啸是在海洋深处发生的地震引起的。洋底构造板块挤压到一起,发生地壳运动,使海水流动受到阻滞,于是形成了强大的海水冲击波。

漩涡的力量
能量强大的海水冲击波向周围扩散开来,很像将石头抛进池塘时荡起的圈圈波纹。海啸波浪能够穿越海洋数千英里远,时速达到800千米,和喷气式飞机一样快。

海啸的发生 35

海啸发生之前
海啸来临前往往没有预兆，但它可以在短短的一天之内穿越整个大洋。海啸早期预警系统使科学家们更容易预测出海啸会在何时、在何地登陆。

海水回退
海湾处的海水都撤走了，海滩就像被人拔掉了塞子的一个巨大浴缸，里面的水都流尽了。海水在近岸处与冲来的海啸波浪相遇。

灾难性的袭击
海浪回流到海滩上。高达30米的水墙拍在海岸上，并以摧枯拉朽之势冲击内陆。

未知的恐怖
海面一片平静；海面下，海啸掀起的波浪可能不到1米高，所以，当海啸在海面以下移行时，很难被航行中的船员发现。

在海岸上
海啸波浪离海岸越近，速度就越慢，但浪头却越高。海啸登陆时，波浪形成一系列的波峰和波谷。波峰和波谷先后登陆的时间间隔从10分钟到45分钟不等。

野外作业的地震学家

地震学家就是专门从事地震研究的科学家。他们使用地质学、物理学、土木工程学和地理学知识来解释地震发生的原因及其产生的破坏。地震学家也与土木工程师一起提高建筑规范，改进建筑方法，提高城市的抗震系数。野外作业是地震研究的一个重要组成部分。地震学家做很多不同的测量，来研究地壳断层周围发生过的地质运动和变形，以及现在的情况。其他测量工作则在试验室里进行，以确定遭遇地震波时各种物质做何反应。

地震波

地震产生的能量以波的形式在震源周围的岩石中传播。地震波分为四种：前两种地震波在地球内部传播；后两种地震波在地表传播，虽然速度较慢，但更具破坏性。

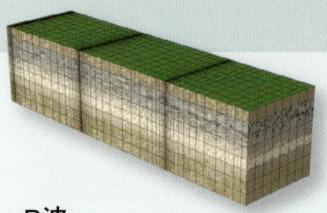

P波

即纵波，是首先到达震中的压缩波。P波能迅速地从地球内部传递到地表，是在地震中首先被人感觉到的地震波。

GPS装置

一个GPS（全球定位系统）装置能够给出一段时间内地面运动的精确读数。

动物的本能

至少从古希腊时代开始，很多人就已观察到在地震发生前的几个小时里，动物有异常行为，并据此认定，动物能够预感到即将发生什么事。不过，人们还不清楚动物到底感受到了什么，以及它们是如何感受到的。一种说法是，在地震之前，当地的地球磁场会发生变化，而动物能够感应到这种微小变化。可惜，对地震波和动物行为模式的科学研究，至今尚未发现哪种动物的特殊反应能可靠预测地震。

地磁仪

地磁仪是用来测量地球磁场的方向和强度的仪器。地震前，地球磁场通常会发生小规模的超低频磁场变化。

地震检波器

这个仪器可以探测出地震波的方向和强度。多频检波器的记录可以显示出地震的方位和震动次数。

野外作业的地震学家 37

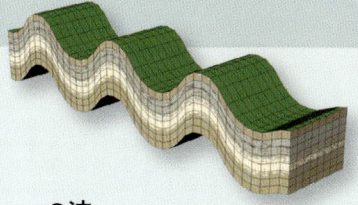

S波
即横波，是第二个到达震中的剪切波。S波在地球内部的传播速度是P波的一半，它使地面发生前后、左右的抖动。

勒夫波
勒夫波使地表发生从一边到另一边的剪切运动。这种波比P波和S波的传播速度都慢。

瑞利波
瑞利波使地表发生波浪式变形，它在四种地震波中的传播速度最慢。

古代地震检波器
公元132年，中国古代科学家、发明家张衡制造出一台能够检测地震的仪器——地动仪。当地球震动时，青铜仪器内部的悬垂摆就倾向扰动发生的方向，这使那一侧的龙嘴受到激发而张开，吐出铜球，掉到蹲在下面的蟾蜍口中。

人造卫星激光测距仪
地震学家将脉冲激光束发送到人造卫星表面的激光反射棱镜上，以探测地震前后断层的微小运动。

地震监测车
这些卡车载有液压活塞，用它捶击地面能够制造出地震波。地震监测车里的仪器会记录下这些地震波在地面的传播方式。

跟踪记录
传统的地震检波器通过在移动的纸条上画线来记录地震波的传播情况。今天，地震检波器的数据都直接通过计算机来产生并处理。

钻孔应变仪
这种仪器被置于地震断层附近的岩石间的深洞里，用来测量岩石承受的应力，以及岩石是如何变形的。

蠕变仪
测量地表以下承受应力的岩石的缓慢移动或变形的仪器。

工作中的地震学家
地震学家携带的工具箱里装满了研究地震断层和地面运动的专业仪器设备。但是，他们也需要简单的工具，例如用锤子和铲子来敲碎岩石和在断层上挖掘壕沟。

VEI 9

VEI 8

VEI 7

VEI 6

VEI 5

VEI 4

VEI 3

VEI 2

VEI 1

定位地图

这幅地图可以告诉你全球重大自然灾害发生的确切地点。请找出每张地图上红色大圆点代表的地点。

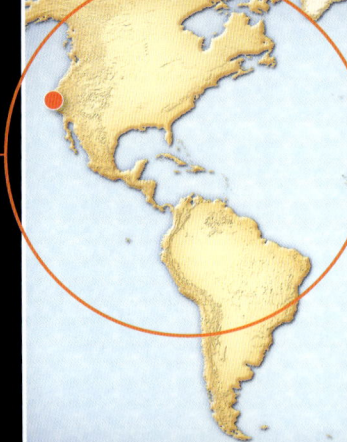

旧金山大地震

日期： 1906年4月18日

持续时间：45-60秒

里氏震级：7.8-8.3

麦加利地震烈度：VII-IX

死亡人数：478人（官方统计数字）；3 000-6 000人（估计值）

信息快览

指尖下的真实数据给你提供搜索的每个事件的关键信息。

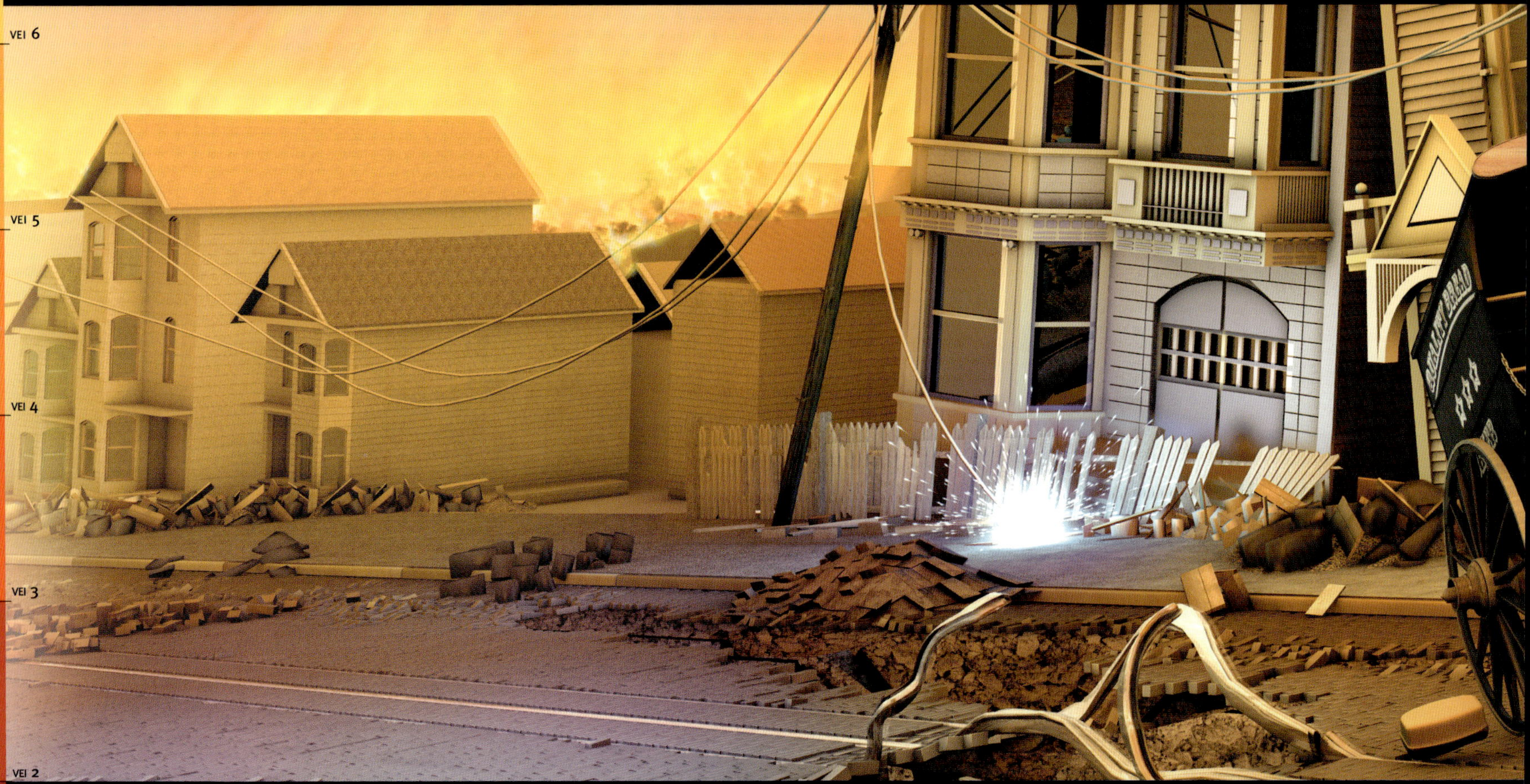

侧边条

这个侧边条上的数字表示此事件的火山爆发指数（VEL）（火山）或里氏震级（地震）。

聚焦

聚焦·著名火山

托巴火山：资料

日期：	大约73 500年前
火山爆发指数：	9
喷发类型：	超级普林尼式
喷发量：	大约2 800立方千米
死亡人数：	未知

恐怖的火山云
在托巴火山爆发期间，火山灰飘散到很远的地方，覆盖范围很广。覆盖马来西亚的火山灰厚达9米；在遥远的印度和孟加拉湾，地上的火山灰也有15厘米厚。

托巴火山

今天，当你游览印度尼西亚苏门答腊岛上风平浪静的托巴湖时，是不可能想到自己正站在人类历史上最大的一次火山喷发的原址之上。托巴湖其实是个破火山口，长90千米，宽30千米。科学家认为，大约73 500年前，这里发生了一次毁灭性的火山喷发，喷出的火山灰和烟雾遍布全球。此次喷发可能只持续了几个星期，但是它的影响非常广泛，使地球进入了持续6年的严重冰河时期。在那段人类发展的关键时期，引起了地貌、森林和野生动物生活的许多变化。

最长的冬天
在托巴火山爆发之后，漫长的冰河时期和食物来源的减少，一定让正处在石器时代的人类祖先经历了极大的苦难。一些科学家推测，这次火山大爆发甚至将人类逼到了灭绝的边缘。

今天的托巴
托巴湖区火山活动现在仍然很活跃。湖心的沙摩西岛渐渐地被湖底膨胀的岩浆弯穹隆托出水面，成为今天地球上最大的岛上湖中岛。

最大规模的火山喷发

托巴火山喷发是人类经历过的最大的一次火山爆发，但是它并不是已知的最大规模的火山喷发。大约27万年前，位于美国西部的拉格雷塔火山喷发，其规模几乎是托巴火山喷发的2倍。

托巴火山 喷发量 2 800立方千米

拉格雷塔火山 喷发量 5 000立方千米

致命的阴霾

火山灰和二氧化硫烟雾被喷入平流层，形成的一层薄雾笼罩了整个地球，并阻挡了部分温暖的阳光，这造成了一个漫长的火山冬天。

海拔高度 英里 千米

25 / 20 / 15 / 10 / 5 / 0
15 / 10 / 5

聚焦·著名火山

维苏威火山：资料
火山爆发指数	5
喷发类型	普林尼式/武尔卡诺式
喷发量	大约3.3立方千米
死亡人数	大约3 000-10 000人

逃离赫库兰尼姆
在20世纪80年代，考古学家在古海岸上的船屋里发现了250具拥挤在一起的人类遗骸。这一发现为人们再现出了赫库兰尼姆被毁时发生的事情。

维苏威火山

将近2000年前，意大利维苏威火山爆发，摧毁了附近的庞贝城和赫库兰尼姆城。最初火山口喷射出巨大的烟柱，空中浓烟滚滚。第二天，火山碎屑流掩埋了庞贝和赫库兰尼姆这两座著名城市，很多没来得及逃跑的居民丧生。直到17世纪，埋藏在火山灰之下几百年之后，这两座城市被考古学家发现，经过挖掘又得以重见天日。它们呈现给全世界一个考古学的宝藏，并向人们展现了古罗马时期人们生活的画面。

出海逃生
即使海上已经波涛汹涌，乘船仍可能是当时最好的逃生方式。推测起来，当时的人们应该都聚集在岸边的船屋里等待轮到他们登船。

上百个石化人
庞贝城和赫库兰尼姆就像两个时代文物密藏容器，非常详尽地保存了两座城市在维苏威火山喷发时的情形。在庞贝城中，发掘出了一些石化人，是当时遇难者的遗骸。

1. 庞贝城里数千居民被火山灰和二氧化硫烟雾窒息而死。随着火山灰的堆积，这些尸体被埋在下面。

2. 很快，尸体腐烂了，只剩下骨骼、珠宝和其他质地坚硬的物品，留在了被火山灰包裹的人形洞穴里。几个世纪之后，考古学家发掘出这些石化人，并用石膏小心地填满这些洞穴。

3. 待火山灰清除出去之后，遇难者遗体的完美铸模就显露了出来。很多人体铸模被留在了原地，其他的则被安放到了博物馆里。

险恶的海水
因火山喷发而引起的狂风和海底隆隆不断的地震，致使那不勒斯湾的海面风急雨骤，波涛汹涌。

火山灰下落
令人窒息的炙热火山灰和浮石从散开的火山喷发柱里落下来,冷却后变得像水泥一样坚硬。赫库兰尼姆最终被18米厚的火山沉积物埋在下面。

无处可逃
几乎所有剩下的赫库兰尼姆人都被发现死于船屋内。当维苏威火山喷发产生的火山碎屑流席卷而来时,这些人立刻就被杀死了。

灾难的见证人
目睹此次火山喷发的人中,有一位就是17岁的盖厄斯·普林尼·卡西利厄斯·塞孔都斯(小普林尼)。他当时正在那不勒斯湾的另一面。他的记录是亲眼目睹了火山爆发情形的最早记录。

8月24日:下午

"一股烟云从山口升起……形状特别像一棵松树。它升入空中,从一个长长的'树干'里发散出一些'树枝'。"

8月24日:晚上

"现在,空中的灰屑落到了船上,离地面越近,就越黑越浓。现在落下来的是小石块,它们都被火熏黑了、燃烧着,甚至烧碎了。"

8月25日:早晨

"不久,烟云柱就四面散开,倾泻在地面上,覆盖了大海。灰屑和碎石包围并掩埋了卡普里岛,也使米塞努姆角消失得无影无踪。"

聚焦·著名火山

喀拉喀托火山：资料
日期：1883年8月27日
火山爆发指数：6
喷发类型：普林尼式/超级普林尼式
喷发量：20立方千米
死亡人数：36 417人

海底大爆炸

在喀拉喀托火山最后一次大爆发期间，喷射出的气体和火山灰构成浓厚的云雾，冲上了80千米的高空。在大约四个小时的时间里，先后发生了4次大规模爆炸。其中最后的一次爆炸规模最大。

喀拉喀托火山

1883年8月，在持续频繁活动了3个月之后，喀拉喀托火山终于停止了喷发。喷发制造出巨大的爆炸声，可能是有史以来人类听到过的最响亮的声音，也是人类目睹过的最有威力的火山喷发。喷发摧毁了喀拉喀托火山锥，摧毁了山体座落的岛屿。当涌入大海的火山碎屑流引发的海啸席卷临近的印度尼西亚群岛时，使成千上万居民遇难。喷发出的火山灰飘荡全球，导致气候变得寒冷，全世界的落日都呈现出鲜艳夺目的色彩，并持续了数月之久。今天，在喀拉喀托火山喷发的海底上方冒出一座新山峰，被命名为阿纳喀拉喀托山。

喀拉喀托的呐喊

火山喷发过后，在数月之间，漂浮在高空大气层的火山微粒制造出壮观生动的日落奇景。挪威画家爱德华·蒙克的这幅著名画作《呐喊》，据猜测就是在表现从地球的另一端——挪威首都奥斯陆——观看到的这种日落景象。

大爆炸之后

火山学家还不清楚为什么喀拉喀托火山的爆炸规模这样大,不过据推测,这可能要归因于炙热的岩浆和海水相遇时发生的爆炸反应。

喷发前后

在火山喷发的最后阶段,喀拉喀托岛的大部分都沉没了。喷发前喀拉喀托岛的面积是上图中的淡绿色区域。火山灰沉积物使环绕喀拉喀托山峰的其他岛屿的面积都增大了。

火山灰和爆炸声的特点

喷发产生的火山灰(灰色区域)主要随风飘向西北方。接二连三的火山爆发(红色区域)制造出的爆炸声非常响亮,在整个喀拉喀托地区回响不绝,甚至在4 500千米之外都能听到。

聚焦·著名火山

圣海伦斯火山：资料
- 日期：1980年5月18日
- 火山爆发指数：5
- 喷发类型：普林尼式
- 喷发量：1立方千米
- 死亡人数：57人

圣海伦斯火山

圣海伦斯火山喷发是美国历史上最严重的火山灾难，也是全世界记录最详细、研究最全面的火山喷发之一。当沉睡了120年的圣海伦斯火山在1980年剧烈喷发时，人们并不吃惊。这是因为科学家已经密切观察这座火山好几个月了。虽然不能预测出准确的喷发日期，但是，他们深知火山一侧隆起的鼓包说明岩浆正在向上运动，一次喷发迫在眉睫。圣海伦斯山的山顶原来是一个火山锥，大爆发把火山锥和山侧各自撕开了一个大洞，夷平了附近方圆几英里内的森林，并且引起了火山灰雨，覆盖了美国西北部的大片地区，甚至波及南部的俄克拉何马州。

今天的圣海伦斯火山
这幅照片显示火山喷发时山顶因爆炸形成的巨大火山口。在凹陷下去的火山口中央，一个周期性活动的岩浆穹隆逐渐通过岩浆管道向上成长，露出地表。

❶ 1980年3月~5月
这几个月之间，岩浆不断上涌，进入火山内部，并在北面的山腰处将破裂的岩石拱起，形成一个明显的隆起。科学家一直在注意地面的变形情况，而且在喷发前的几个星期就开始记录地震变化。

❷ 5月18日早晨8点32分37秒
最后，山腰的隆起处发生爆炸，造成严重塌方以及山顶和山侧的火山喷发。这次塌方得到了全面的观测。地质学家运用观测结果来辨别其他火山出现的类似隆起。

炸走山顶

录像显示，火山喷发一开始，在不到一分钟的时间里，圣海伦斯火山的山顶就被猛烈的爆炸轰飞了。

5月18日早晨8点32分41秒
火山口因喷发而扩大，一个巨大的碎石、火山灰和气体组成的烟柱由圣海伦斯火山的峰顶冲天而起，源源不断地供应着火山喷发流和蘑菇云，达到19千米之上的平流层。

火山灰降落在城区

火山喷发之后的那些天里，火山灰的辐射尘随风飘向东部，影响了太平洋西北沿岸的很多城市。所幸，火山附近的波特兰市和西雅图市几乎没有受到破坏。

摧毁森林

树木像牙签一样四处横飞，数百平方英里的森林被冲下山坡的炽热熔岩夷为平地。

火山泥流

最初喷发的15分钟之内，一股炙热的火山灰和水的混合流，即火山泥流，从山顶倾泻而下。记录显示，这条火山泥流的流速达到每小时71千米。

基拉韦厄火山：资料

日期：1983年至今
火山爆发指数：1
喷发类型：夏威夷式
喷发量：3立方千米
死亡人数：几个粗心大意的游客因为吸入过量的喷发气体或因掉下山去而丧命。

基拉韦厄火山口

基拉韦厄山顶是一个接近环形的破火山口，里面还有几个火山口。哈里摩摩火山口就在其中，是基拉韦厄火山多次喷发的源头，有85米深，915米宽。

基拉韦厄破火山口

基拉韦厄火山

基拉韦厄火山坐落在夏威夷比格艾兰岛的东南角，处在太平洋的中间，是世界上最大的活火山之一。在过去的一百年里，基拉韦厄火山喷发了近50次，而且从1983年开始，几乎一直处在喷发状态。基拉韦厄火山的大多数喷发都比较温和，没有爆炸声，并形成了多处蔚为壮观的火帘和长长的熔岩流。这种安静的喷发模式使基拉韦厄火山得到了一个昵称："驾车能到的火山"，因为每年都有数千观光客来到这里，面对面地欣赏熔岩流。但是千万不要掉以轻心，因为即使像基拉韦厄这样"平静的"火山也具有潜在的危险和破坏性。

鸟瞰基拉韦厄火山

从太空中观看，基拉韦厄火山与地球上最高的活火山——冒纳罗亚火山——相对而立。照片中的红棕色区域是新生成的熔岩流覆盖了原本郁郁葱葱的热带森林。

山顶岩浆库

在山顶地表以下3千米的地方，聚集起来的岩浆形成了一个岩浆池，供给着每次火山喷发。

基拉韦厄火山 49

喷发
在普鲁欧欧喷发的最初几天，熔融的岩浆从7千米长的裂缝里激射而出，形成一道火喷泉，高达500米。

破坏
继续前进的岩浆流覆盖了大片国家公园的土地，摧毁了189座住宅，还迫使几条公路改道。

当熔岩遇到大海
地表和地下管道里的熔岩流从普鲁欧欧和库派阿纳哈火山口流动了将近10千米，流入大海，那种火光冲天的景象从1986年底一直持续到今天。

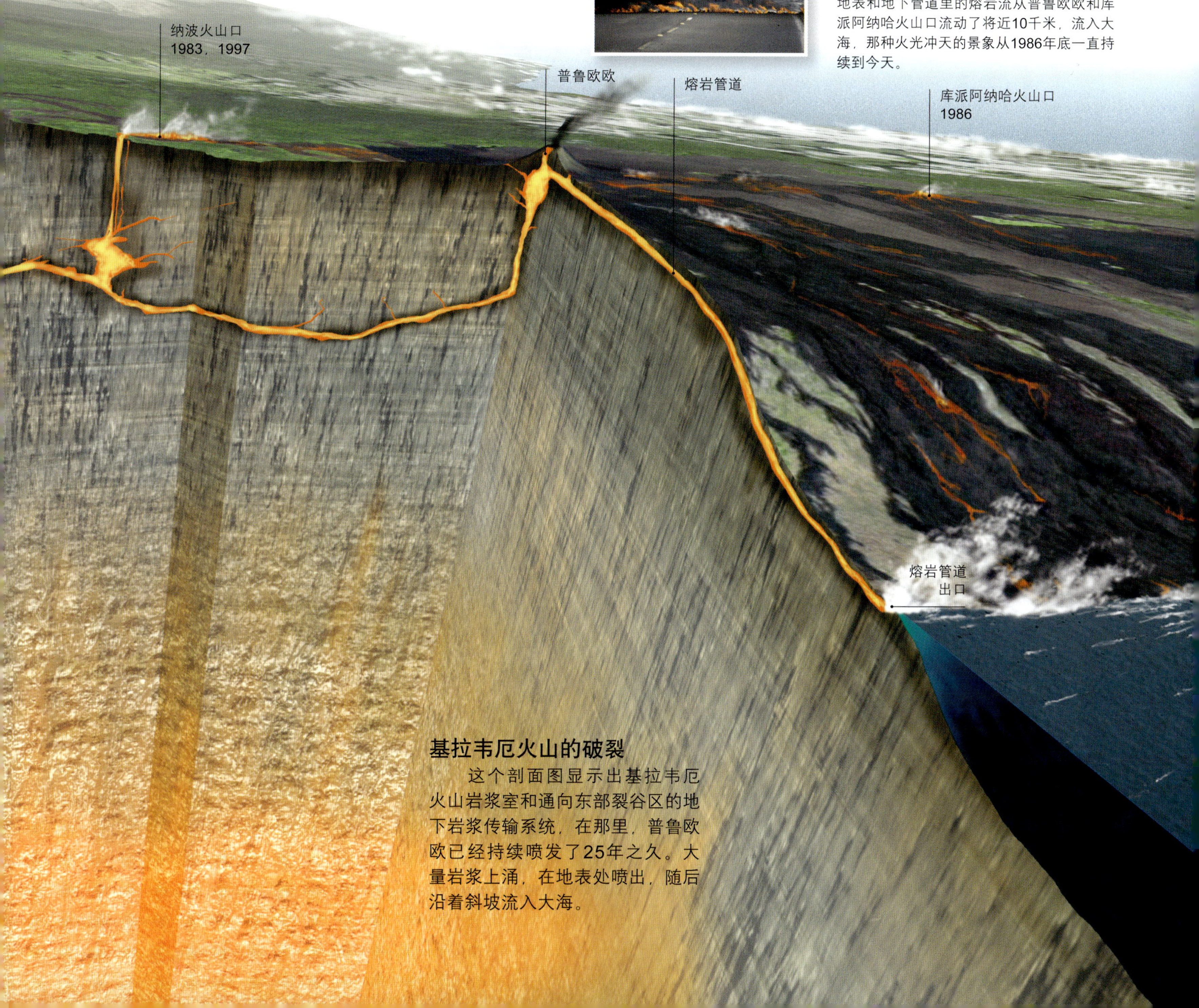

纳波火山口 1983，1997

普鲁欧欧

熔岩管道

库派阿纳哈火山口 1986

熔岩管道出口

基拉韦厄火山的破裂
这个剖面图显示出基拉韦厄火山岩浆室和通向东部裂谷区的地下岩浆传输系统，在那里，普鲁欧欧已经持续喷发了25年之久。大量岩浆上涌，在地表处喷出，随后沿着斜坡流入大海。

里斯本：数据

日期：	1755年11月1日
持续时间：	3.5-6分钟
里氏震级：	估计8~9级
麦加利地震烈度：	X（灾难性的）
死亡人数：	60 000-100 000

里斯本大地震

　　1755年11月1日，葡萄牙里斯本的海岸线外190千米的地方，大洋地壳破裂，引发了历史上死亡人数最多的地震灾害之一。里斯本市里的大型建筑物纷纷倒塌，街道上出现巨大裂缝，随后，海啸和大火先后席卷了里斯本。葡萄牙的海外殖民雄心大大受挫。但是，正是在这次可怕的破坏之后，现代地震科学才开始出现。葡萄牙政府并没有简单地把这次破坏解释为上帝的行为，而是指示全国所有牧师视察灾情，汇报灾民的经历，以便更好地认识地震的本质和特点。

重建里斯本

内部支架
　　在砖石墙壁里嵌入木桩支架，以帮助阻止墙壁倒塌。

　　1755年大地震之后，几乎整个里斯本都需要重建。这也是现代欧洲第一次开始执行严格的建筑规范，来确保新里斯本能够更好地承受地震的冲击。

笼式框架
　　里斯本市区的新建建筑的核心部位，采取了错综复杂的木桩框架结构，这样能够安全地分散掉地震的能量。

破坏之波

　　地震之后大约半个小时，一次大规模的海啸冲进里斯本海港。不幸的是，很多地震幸存者因为担心余震会摧毁更多城内建筑，所以都聚集到了海港。这样，新的悲剧不可避免地发生了。

里斯本大地震 51

▶ 聚焦·大地震

旧金山大地震

日期：	1906年4月18日
持续时间：	45-60秒
里氏震级：	估计7.8-8.3级
麦加利地震烈度：	Ⅶ-Ⅸ
死亡人数：	478（官方统计数字）；3 000-6 000（估计值）

黎明时的灾难

1906年4月18日早上5点，旧金山市民被一阵极其剧烈的晃动惊醒，甚至远在洛杉矶的人们都有震感。一分钟内，整个城市变成了一片废墟。人们从未见过如此大范围的地面破裂，也没有见过一个地区的不同位置在地震中遭受的破坏程度有这样大的区别。较松软的土壤上的城区破坏最严重，而坚硬岩石上的城区破坏程度却很轻。这使人们对地震灾害有了新认识，并为人们的城市规划打开了新思路。

旧金山大地震

美国加利福尼亚州的旧金山市，横跨在圣安德列斯断层之上，那里正是太平洋板块与北美板块的交汇处。旧金山地区层峦叠嶂的美丽景色，要归功于这个洲际分界线的地质力量。在这座城市地下深处，巨大的摩擦压力在地壳之中不断积聚。每年都有多次小地震发生，来释放一些压力，但是偶尔会有大地震发生，就如1906年一个早晨发生的那场大地震夺去了6 000多人的生命。

路面大裂缝
地面的巨大裂缝纵贯全城，使燃气管道、自来水管道都破裂了。

燃烧的旧金山

1906年大地震时，造成大部分破坏的元凶不是地震本身，而是蔓延整个城市的大火。这场大火燃烧了整整四天四夜。

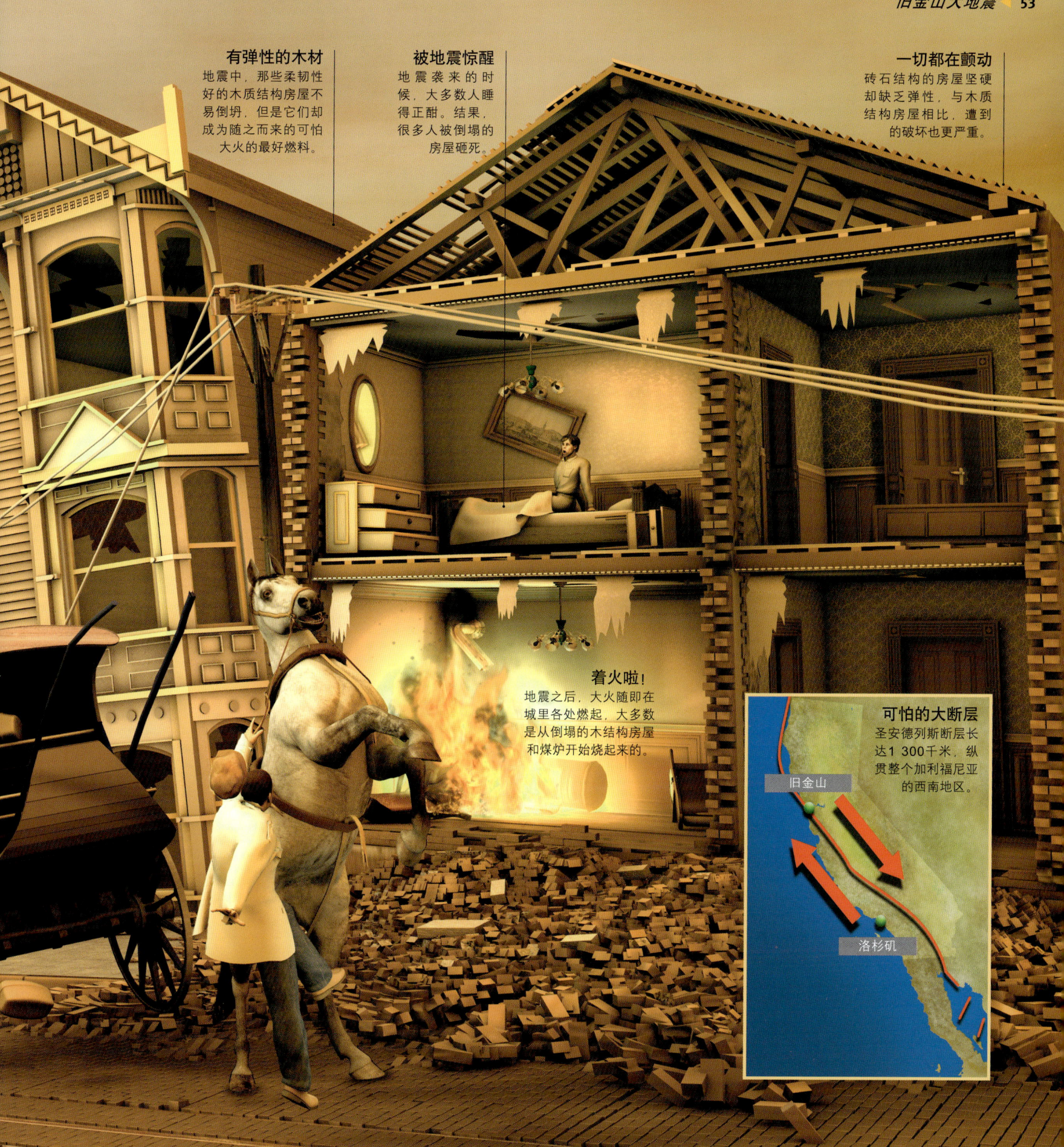

赫布根湖大地震

赫布根湖大地震：资料

日期：1959年8月17日

持续时间：30-45秒

里氏震级：7.5级

麦加利地震烈度：X（灾难性的）

死亡人数：28

灾难的演进阶段

短时间之内，麦迪逊河峡谷地区的地貌发生了翻天覆地的永久性变化。

1. 发生地震时，赫布根湖北面的陆地被一次突如其来的震动向上翘起，形成了一个6米高的断崖。

地震有永久改变地形的力量。一个突出的例子就是赫布根湖大地震，此次地震在1959年发生在美国蒙大拿乡村的偏远角落。地面多处开裂，裂缝宽达6米。而且震动造成麦迪逊峡谷大规模塌方，山石滚落深谷，阻塞了麦迪逊河，活埋了28名露营者。附近的赫布根湖的湖水像摇晃的浴缸里的水一样摇动不停，大浪曾4次漫过混凝土大水坝。不远处的黄石国家公园里，新形成的地热喷泉和间歇泉开始喷射。在接下来的几个月里，在新筑起的土坝后面，汇聚起来的水形成了一个新的湖泊，并被命名为地震湖。

萨雷兹湖，塔吉克斯坦

1911年，中亚的塔吉克斯坦发生了一次强烈地震和山体塌方。由此形成的堤坝是世界上最大的大坝，(不论是人造的还是天然的)它61千米长，500米深。人们担心以后发生的地震会毁坏大坝，这样就会威胁到下游数百万生灵的安全。

运动中的高山

由于此次地震发生在偏远地区，从地震的规模来说，引起的死亡人数不算多。但是，当山体塌方经过罗克里克露营地时，有28名不走运的度假客失去了生命。

2 麦迪逊峡谷一侧的高山大面积破裂,崩塌的石块滚落进下面的麦迪逊河。与此同时,赫布根湖湖底突然发生倾斜,致使湖水倾泻,漫过混凝土拦湖坝。

3 塌方的碎石块在谷底聚集,截断了麦迪逊河,形成一个新湖泊。工程师们后来移开了一些碎石,打开一条泄洪道,来降低湖泊的水位,以防止大坝决堤。

聚焦·大地震

神户大地震

日本神户大地震：资料
日期：1995年1月17日
持续时间：20秒
里氏震级：6.9-7.3级
麦加利地震烈度：Ⅹ-Ⅻ（灾难性的-全面摧毁）
死亡人数：6 434

日本地震图
环绕日本东海岸的主要地震带的西北部发生横向断层断裂，导致了神户大地震的发生。虽然整个日本都是地震高发区，但是神户位于一个较不活跃的地区，所以人们认为那里相对安全，并且不会发生大地震。这张地图显示了从1961年至1994年间，一些有记录的地震。圆点越大表示地震就越强烈。浅源地震一般比深源地震更剧烈，破坏性也更大。

震源深度
- 0-50 千米
- 50-100 千米
- 100-150 千米
- 150-200 千米

1995年1月17日，日本神户市的居民被一次几乎将自己的城市夷为平地的猛烈地震惊起。地震的震中位于淡路岛附近，在断层表面破裂的时候，地面被抬升了3米。地震波快速通过20千米外的神户市地壳，制造了日本有史以来损失最惨重的一次自然灾害。破坏之所以如此严重，是因为震中距离人口稠密的大型城市实在太近了。人们之前认为神户发生大地震的概率比较低，于是建筑规范没日本其他地区那么严格，这样使当地的灾情比想象中更为严重。

鲶鱼和鹿岛
在日本的传统文化中，人们将地震的发生归咎于一种生活在地下的鲶鱼。平时，它被鹿岛女神所压制，但是当鹿岛女神注意力分散时，它就开始乱蹦乱跳，摇动大地。

① 完好的桥基柱
在桥基柱内部，有钢筋水泥加固。水泥能够支撑高速公路的巨大重量，钢筋则将水泥固定在一起，使压力垂直通过桥基柱，传导到地面。

② 地震后
地震横波开始起作用时，水平方向的拉扯使桥基柱变得没有那么坚固了。地震期间，桥基柱上开始出现小裂缝，钢筋和水泥的结合处也被破坏。

聚焦·大地震

印度洋大海啸：资料

日期：	2004年12月26日
持续时间：	10分钟
里氏震级：	9.3级
麦加利地震烈度：	XI度（严重灾难）
死亡人数：	接近230 000人

印度洋大海啸

2004年12月26日，发生了人类有记录以来的第二大大地震。这次规模巨大的地震，震中位于苏门答腊－安达曼群岛海底。地震持续了10分钟——有记载的持续时间最长的地震——海床裂开一条将近1 600千米的大裂缝。地震引发一系列海啸，并肆虐了整个印度洋海岸线，造成东南亚地区数十万人遇难。更可悲的是，如果国际海啸早期预警系统当时能启动的话，很多人本来是可以幸免于难的。可是直到悲剧酿成之后，这种预警系统才在印度洋地区建立了起来。

震动地球者
这是一个全球性的大灾难。共有来自55个国家的人死在13个国家的海岸地区。这次海啸大灾难是花了几个小时渐次向外蔓延的。图上的曲线和数字显示出地震发生后，海啸每隔一小时传播的距离。

印度喀拉拉邦
海啸海浪遇到陆地时可以发生衍射作用，并改变前进方向。上百人在印度西海岸的这个"避难所"里死于海啸。

从海底到空中
数据被传递给人造卫星。

从空中到地面
人造卫星将数据发送回地面接收基站。

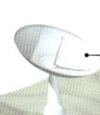

海啸早期预警系统
如果技术配备齐全，海啸到来的预告就能被从开放的海底发送到岸上，之后再通过警报、电台和电视广播、手机短信等方式通知到有危险的地区。

从海底到海面
数据被传递给海面上的大浮标探测器。

海啸监测器
整个预警系统的核心环节是放置在海床上的压力传感器。它能够探测到小到1厘米高的海啸海浪。

大约600米

伊丽莎白港，南非
离震中距离最远的海啸遇难者是远在8000千米之外的一名溺水者。

印度洋大海啸 59

安达曼群岛和尼科巴群岛
这个岛屿群由于海啸的作用向西南方向移动了1.25米。

泰国
超过2 000名前来度假的外国游客死在泰国。但是,其中一个海滩上的所有幸存者都很感激一个10岁的小女孩,因为她辨别出了危险征兆并告诉人们跑到高处去。

震中
此次地震的震中位于印度板块俯冲到缅甸板块下方的接合处。

锡默卢岛
离震中最近的锡默卢岛上,只有几个人死亡。当地居民对1907年海啸记忆犹新,知道在发生地震时要向地势较高的内陆避难。锡默卢岛因地震被抬高了1.5米。

太平洋
一部分地震波传播到太平洋,并在美国南海岸掀起几次小规模的海啸。

旋转之中
科学家估计,地震时地球沿地轴发生了约2.5厘米的偏转。

海啸过后的班达亚齐
位于印度尼西亚亚齐省最西端的班达亚齐,是离震中最近的城市。海啸兴起的波浪几乎冲垮了市内所有建筑。数十万人遇难。

进退两难的船只
当地的捕鱼船队被海啸巨浪冲上陆地,直到内陆3千米的地方才停下来。

海底抬升
海啸波浪是由海底数百英里长的一道裂缝产生的。平均起来,裂缝一侧的海底停止抬升后,比另一侧高出了5米。有些地方,高度差距达到了20米。

活跃的世界

世界各地的火山

火山分布图

全世界总共有大约 1 500 座活火山，死火山和休眠火山更多。这张地图标出了一些著名的火山。

图例

▲ = 活火山
▲ = 休眠火山
▲ = 死火山
▲ = 高度
✱ = 上次喷发时间

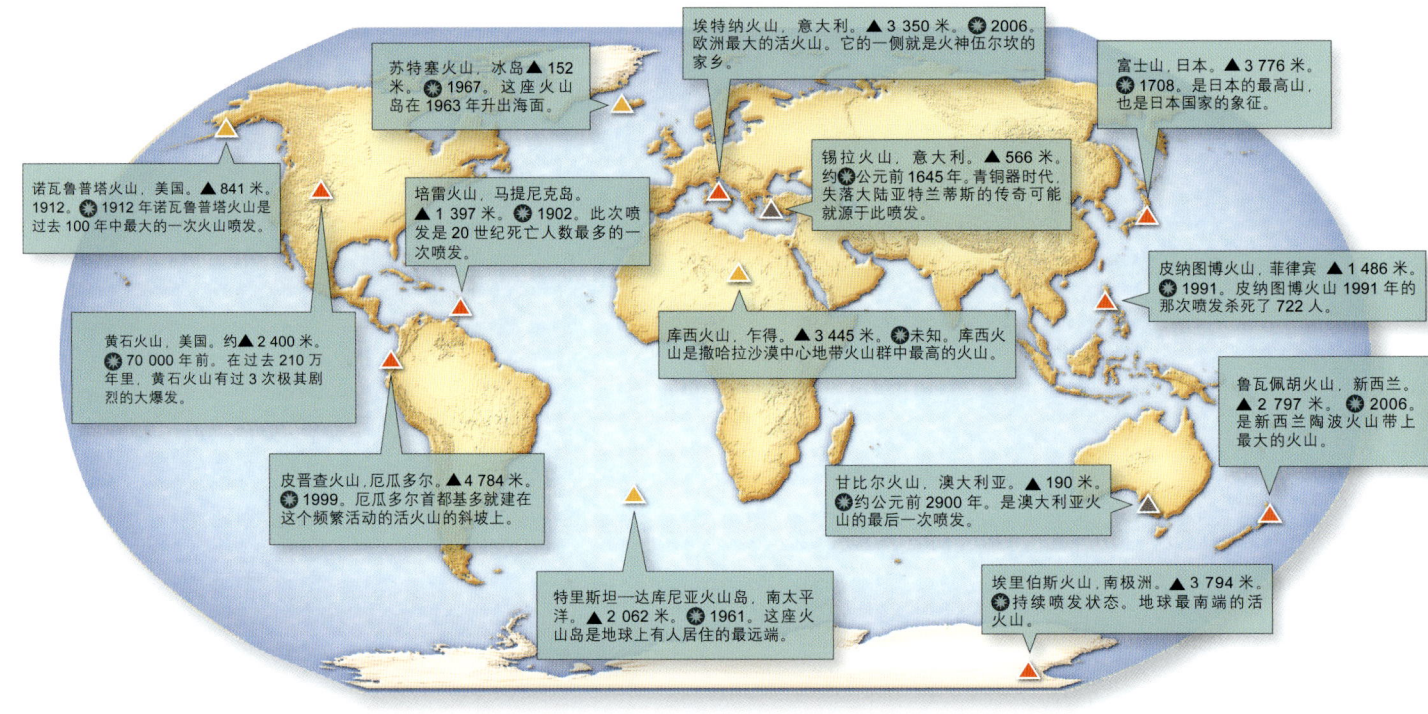

地震的危险性

世界地震分布图

是否会遭遇地震，取决于你在地球上的地理位置。在很多地方，你可以一辈子都感觉不到大地的震动。而在某些地方，震动却会时有发生，同时发生破坏性地震的危险也时刻存在。

地震危险性

■ = 低
■ = 中
■ = 高
■ = 很高

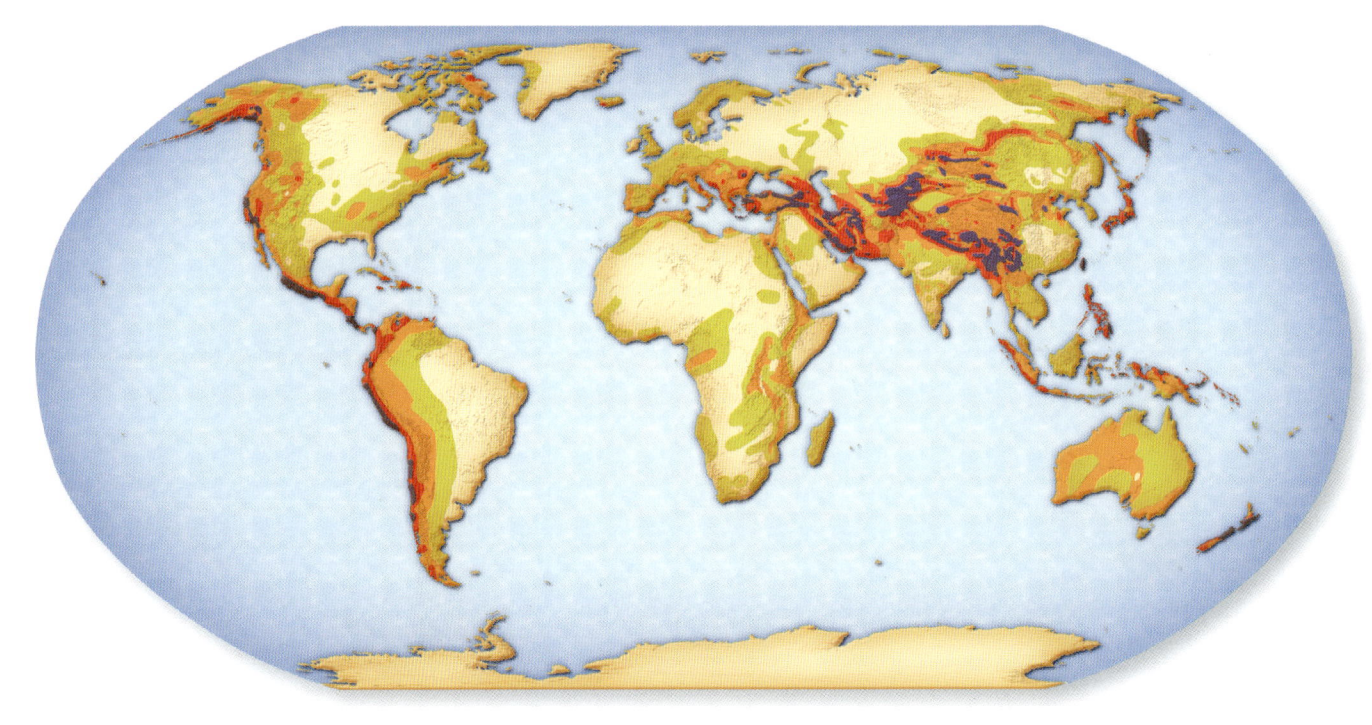

地震学说

变化的观点
人们只要一感觉到大地的颤动，就会去寻求解释这种可怕的自然现象。但是直到近年，人们才真正弄清楚我们的脚下在地震时发生了什么。

印度人心目中的宇宙

宗教和神话的解释
几个世纪以来，对地震产生的解释都与宗教和神话有关。例如，根据一个古老的印度神话，地球被驮在一头大象的背上，大象站在一只乌龟身上，而乌龟又趴在一只眼镜蛇身上。每当3只动物中的一只移动，地球就开始战抖和摇晃。

古希腊的解释
据我们所知，最早寻求地震产生的自然解释的是古希腊哲学家。他们假设说，地球里面有很多大洞穴，那里刮着狂风。当狂风吹开洞顶上升到地面时，地球就发生震动。

早期的现代欧洲
意大利画家和发明家列奥纳多·达芬奇认为，地球是一团点缀着水的固体物质。如果固体物质和水之间的平衡被打破，就会出现突然的震动。17世纪60年代，法国哲学家勒内·笛卡尔则认为，地球曾经像太阳一样火热，并且还在继续冷却中。这种收缩作用造出高山，并引发了地震。

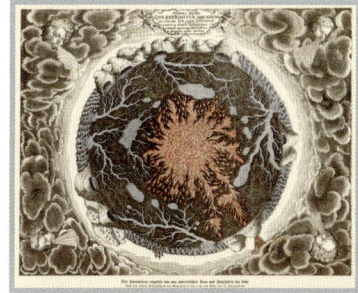

1665年一幅地球内部构造剖面图。

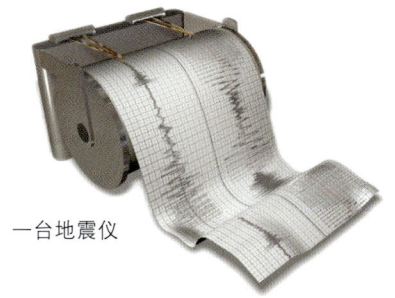

一台地震仪

现代学说
板块构造学说产生于1915年，由德国科学家阿尔弗雷德·魏格纳提出，此学说认为，现今的几块大陆原来是一块完整的泛古大陆，后来分裂成几块，漂移开来。这就是为什么几块大陆的形状常常看起来像拼图一样拼到一起。但魏格纳不能解释大陆是如何移动的，19世纪五六十年代的研究则显示，的确存在构造板块和海底扩张。板块构造学说被证实是一个具有说服力的对地震和其他地质现象的解释原理。

源于这个世界的火山

天空中的火山形状
并不只在地球上有火山存在。事实上，根据我们所在的太阳系来判断，火山作用似乎是宇宙中一种普遍的现象。火山不仅在太阳系的四个岩石质的行星（水星、金星、地球和火星）上发挥着改变地貌的作用，而且在其它几个巨大气态行星的卫星上也发挥着同样的作用。

月球
几十亿年前，月球上的火山作用很活跃。月球表面的黑色湖泊状区域就是熔岩冷却后形成的。

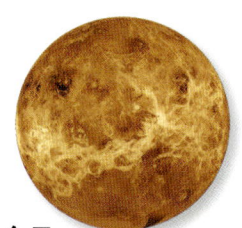

金星
金星上有上千个火山。它们的喷发形成了包裹金星的厚厚的大气层。不过，科学家还不确定金星上是否还有活跃的火山。

火星
大约是地球的一半大小，但是地球上的火山与火星上面的火山比较起来就是小巫见大巫了。不过可以肯定的是，火星上面如今只有死火山。

木卫一
它是木星的一颗卫星，也是太阳系中火山活动最活跃的星体。它的表面不断涌出有毒的二氧化硫气体。

海卫一
海王星的一颗卫星。它上面的火山并不总是热火朝天。1989年，一架航天探测器飞经海王星，发现海卫一上有很多间歇泉，并喷发超低温的液态氮。

印度洋海啸

死亡或失踪人数（按国家统计的）

国家	人数
*印度尼西亚	167 540
*斯里兰卡	35 322
*印度	16 269
*泰国	5 996
德国	552
瑞典	543
*索马里	289
芬兰	178
英国	149
瑞士	111
*马尔代夫	108
法国	95
挪威	84
*马来西亚	75
奥地利	74
*缅甸	61
日本	44
意大利	40
香港	40
荷兰	36
美国	31
澳大利亚	26
*南非	23
韩国	20
加拿大	20
*坦桑尼亚	13
比利时	11
中国	10
*塞舌尔	2
孟加拉国	2
肯尼亚	1

*表示直接受到海啸影响的国家。（其中21名南非人死在泰国。）

海王星周围的间歇泉
这幅图片显示，海卫一上的间歇泉喷发出很多液态氮的液柱，在以氮冰的形态沉降回卫星表面之前，能喷出8千米高。

词汇表

渣块熔岩流（a'a） 这种熔岩流冷却变硬后，表面粗糙、多孔带刺、形状各异。

活火山（active volcano） 会喷发出气体和熔岩的火山。两次喷发之间可能会间隔数周甚至数百年的时间。

气溶胶（aerosol） 由火山爆发出的气体在空气中冷却后形成的微粒和液滴。

余震（aftershock） 大地震之后在震源处或震源附近发生的一系列小震级的地震。

火山灰（ash） 在火山喷发过程中喷射出的岩石碎块和熔岩。

软流圈（asthenosphere） 上地幔中的一层介质，非常柔软，能够流动。

黑烟囱（black smoker） 大洋中脊上的排放口，里面会涌出富含矿物质的高温海水。

破火山口（caldera） 当火山在岩浆囊的上方塌陷下来后，形成的巨大环状凹陷。

火山渣（cinder） 火山喷发时喷出的火山岩的碎屑，通常里面充满了气泡。又叫熔岩渣。

岩浆管道（conduit） 火山内部巨大的管道，岩浆通过管道从里面涌到火山口。

大陆（continent） 地球七大主要板块：非洲、南极洲、亚洲、澳洲、欧洲、北美洲、南美洲。这些板块不止包含陆地，也包含海岸边的海床。

大陆边缘（continental margin） 大陆板块的边缘地带，包含海岸线和近岸附近的陆地。

对流（convection current） 通过物质移动而传递能量的环流，如地幔中熔岩的流动。

聚敛大陆边缘（convergent margin） 两块相向移动的大陆板块之间的分界线。

地核（core） 地球的核心。分为外地核和内地核，构成物质都是铁镍合金。内地核为固态，外地核为液态。

碗状凹陷（crater） 由火山喷发形成的环形凹陷（火山口），或陨石堕落形成的地面凹陷（陨石坑）。

火山湖（crater lake） 充满水的环形火山口。它可能是季节性的火山湖，也可能是永久性的火山湖。

地壳（crust） 地球最外层的岩石圈，厚度不一。最薄的地方是在最新形成的海底，只有5千米厚；最厚的地方是在陆地上，厚达72千米。

岩墙（dike） 从地表裂缝中喷出的火山岩幕帐。

离散大陆边缘（divergent margin） 两块相背移动的大陆板块之间的分界线。

休眠火山（dormant volcano） 目前没有喷发，但是以后有可能再度喷发的火山。

震中（epicenter） 震源正上方的地面，或者地震的起始点。

喷发（eruption） 火山将熔岩、灰屑或气体从地下释放到地表，并喷射到空中。

死火山（extinct volcano） 一座很长时间内都不再有活动迹象，并且人们认为不会再次喷发的火山。

断层边缘（fault margin） 由于岩石朝相反方向运动或者以不同速度运动，使岩层出现的裂缝。

地表裂缝（fissure） 地表发生破裂的地方。在火山地区，地表裂缝的出现可能与一列火山口有关（形成裂缝火山）。

泛布玄武岩（flood basalt） 覆盖很大面积的玄武岩熔岩流。很多叠加在一起的玄武岩熔岩层就形成了玄武岩高原。

喷气孔（fumarole） 释放出火山高温气体和熔岩流的火山口。

地质学家（geologist） 研究现在或过去形成地表和地球内部形态的物理和化学过程的科学家。

地热能（geothermal energy） 是由地球内部的热源抽取的天然热能。这种能量来自地球内部炙热的岩石、热水或熔岩流。

间歇泉（geyser） 从火山口周期性地喷出的沸腾的地热水形成的喷泉。

热点（hot spot） 地幔内熔岩呈熔融态，并且位置几乎固定的区域。

热液作用（hydrothermal activity） 当海水遇到炙热的岩石时，岩石中的矿物质就溶解在水中，与此相关的过程和水的流动就是热液作用。

震源（hypocenter） 地球内部的某处受到压力的岩石突然释放出能量，形成地震波。这个地方就是震源。

火山岩（igneous） 岩浆冷却凝固形成的岩石。

岛弧（island arc） 在下潜的海底板块上方形成的一系列弧形的岛屿链。

岩盘（laccolith） 岩浆不是总能找到通往地面的出口，于是就汇聚在一起，形成穹隆状的岩浆侵入系统，就是岩盘。岩盘能够将覆盖在它上面的岩石层拱起。

火山泥流（lahar） 由火山喷发产生的泥流。

横移断层（lateral fault） 岩石沿着断层向两侧移动的断层。也称作横冲断层或转换断层。

熔岩（lava） 通过火山口喷出，或从裂缝里溢出地表的岩石融化物。

熔岩弹（lava bomb） 火山喷发出的大团熔融状的熔岩，在飞行的过程中冷却变硬，成为形状各异的熔岩块。一块熔岩弹的直径往往超过32毫米。

熔岩穹丘（lava dome） 在火山山顶或山侧的火

山口正上方，由粘稠的熔岩堆积成的丘状物。

熔岩管道（lava tube） 当地面上开放式的熔岩流冷却之后形成的地下熔岩河。

液化（liquefaction） 地震作用将沉积物和土壤变成流体。

岩石圈（lithosphere） 地球坚硬的外层，由地壳和上地幔构成。

岩浆（magma） 地球内部熔融状态的岩石。岩浆或者在地球内部固化，或者喷出地表后形成熔岩。

岩浆囊（magma chamber） 在岩石圈内部岩浆的储备库，火山喷发物就来源于此。

地震强度（magnitude） 地震的强度以其释放出的能量来表示。地震学家用里氏震级来衡量地震强度，从0级开始，没有上限。

地幔（mantle） 地壳和外地核之间的圈层。它包括下地幔和软流圈（地幔流动的部分）和下层岩石圈，即坚硬的上层地幔。

大洋中脊（mid-ocean ridge） 海底一条长长的隆起的山脊，是由发散的大洋板块边缘发生的火山活动形成的。

矿物（mineral） 一种自然生成的无机固体，具有确定的化学成分和独特的晶体结构，存在于地壳当中。

泥流（mudflow） 由火山喷发或地震释放出来的由灰屑、泥浆和水组成的河流。由火山引发的泥流也称作火山泥流。

正断层（normal fault） 在岩石层的断裂处，上边的岩石相对于下边的岩石向下错动，断层面倾角在45度和90度之间。

绳状熔岩流（pahoehoe） 一种表面平坦、呈绳状的熔岩流。

枕状熔岩流（pillow lava） 熔岩在水下喷发或流入水中之后，迅速冷却形成圆丘，形状像枕头，因此得名。

塞子（plug） 熔岩在火山口内部冷却固化以后就形成了一个火山柱，像瓶塞子一样堵住了火山口。

地幔柱（火山灰柱）（plume） 地幔里一段上升的炙热岩柱，它的内部会继续呈熔融态。这个词也可以用来指火山喷出的巨大火山灰柱。

初始波（primary wave） 一种地震波，也叫P波，在经过岩石层时会压缩和拉伸岩石层。这种地震波之所以被称为初始波，是因为在一次地震当中，它会先于第二波而第一个到达震中。

浮石（pumice） 一种浅色玻璃质的火山岩，内部有很多气孔。它密度小，重量很轻，甚至能漂浮在水面上。

火山碎屑流（pyroclastic flow） 由火山灰、气体和石屑组成的炙热、粘稠的混合物，能够沿着火山斜坡高速向下流动。它是由于火山喷发柱或熔岩穹丘崩塌而形成的。

逆断层（reverse fault） 在岩石层的断裂处，上边的岩石相对于下边的岩石向上错动，断层面倾角小于45度。

裂谷（rift valley） 裂缝两侧的岩石层相互分离，中间的部分下陷，形成一条宽阔的山谷。裂谷是正断层出现的结果。

第二波（secondary wave） 一种地震波，也叫S波，在经过岩石层时会前后左右地摇动岩石。这种地震波之所以被称为第二波，是因为在地震时，它是第二个到达震中的地震波。

地震的（seismic） 与地震或大地晃动有关的。

地震学家（seismologist） 研究地震产生的地震波，以便了解地震会在何地以何种方式形成，或研究地壳内部结构和地表结构的科学家。

地震学（seismology） 研究地球震动以及地震是由自然原因还是由人为原因引发的学科。

地震检波器（seismometer） 一种用来探测、放大并记录地球震动的仪器。

盾状火山（shield volcano） 宽度大于高度的火山，由反复喷发出的熔岩形成。俯瞰时，这种火山形状很像盾牌，故此得名。

俯冲（subduction） 一个构造板块下降到另一个构造板块下面的过程。

地下的（subterranean） 与在地下被发现的事情或在地下发生的事情相关的。

面波（surface wave） 在地球表面传递的一种地震波。这种波在初始波和第二波之后到达震中，引起上下震动或左右晃动。

构造板块（tectonic plate） 一块坚硬的地球岩石圈，能够在软流圈之上漂移。

火山碎屑（tephra） 从火山中喷发出来的任意大小和形状的岩石微粒或岩石碎片。

仰冲断层（thrust fault） 在岩石层的断裂处，上边的岩石叠置在下边的岩石之上，并且断层面倾角小于45度。

转换断层（transform fault） 断层两侧的岩层想向反方向错动或者以不同的速度错动。这种断层在一些构造板块的边缘比较常见。

海啸（tsunami） 这是一个日语词汇，是指由地震、塌方或火山爆发引起的海浪。在浅水域，海啸在抵达陆地之前达到最高高度。

火山口（vent） 火山表面的开口处，熔岩和气体从那里喷发出来。

火山（volcano） 以圆形为典型特征的地表构造，地下的岩浆和气体从中喷发出来。

火山学家（volcanologist） 专门研究活火山、休眠火山和死火山的喷发现象和内部变化的科学家。

索引

A
喀拉喀托火山	Anak Krakatau, 44
火山剖面图	anatomy of volcano, 16–17
淡路岛	Awaji Island, 56

B
海底黑烟柱	black smoker mineral chimneys, 10,11
钻孔应变仪	borehole strain meter, 37

C
破火山口	calderas, 15, 23, 48
火山渣锥	cinder cone volcano, 17
复合型火山	composite volcano, 17
陆弧火山	continental arc volcanoes, 13
大陆热点	continental spectrometer, 15
对流	convection, 8–9
相关分光仪	correlation spectrometer, 26
火山湖	crater lakes, 23
火山口	craters, 17
哈里摩摩火山口	Halema'uma'u, 48
纳波火山口	Napau, 49
蠕变仪	creepmeter, 37

E
地球	Earth
大陆碰撞	Continental collisions, 12
地壳	crust, 8, 9, 10,11
断层	faults, 11
地球的起源	history of, 8
地貌的形成	landscape formation, 12–13
板块碰撞	tectonic collisions, 12–13
构造板块	tectonic plates, 8,12,14,28,34
地震湖	Earthquake Lake, 54
地震	earthquakes
动物的本能	animals and, 36
原因	causes, 8–9
影响	effects of, 32–3
断层	faults, 23
赫布根湖	Hebgen Lake, 1959,54–5
神户, 日本	Kobe, Japan, 1995,56–7
萨雷兹湖, 塔吉克斯坦	Lake Sarez, Taijkstan, 1911,54
里斯本	Lisbon, 1755,50–1
测量	measuring,28–9
地震预防	preparation for,30–1
相反的证据	proofing against,50
旧金山	San Francisco, 1906,52–3
苏门答腊岛–安达曼群岛大地震	Sumatra-Andaman earthquake, 2004,58–9
地震的影响	effects of earthquakes,50–7
火灾	fires, 32,52–3

F
断层	faults, 28
野外作业的地震学家	fieldwork for seismologists, 36–7
野外作业的火山学家	fieldwork for volcanologists, 26–7
火帘	fire curtain, 20
裂缝喷发	fissure eruptions, 16
裂缝火山	fissure volcano, 17
喷气孔	fumaroles, 20

G
气体	gases, 16, 18
地热发电站	geothermal power stations, 24
间歇泉	geysers, 24–5, 54
全球定位系统(GPS)	Global Positioning System, 36

H
夏威夷	Hawaii, 14, 48
基拉韦厄火山	Kilauea, 18, 48–9
冒纳凯阿火山	Mauna Kea, 16
夏威夷火山喷发	Hawaiian eruption, 19
热量	heat, 27
赫布根湖大地震	Hebgen Lake earthquake, 1959, 54–5
赫库兰尼姆	Herculaneum, 42
陆地上最高的火山	Highest volcanoes by continent, 16
喜马拉雅山脉的隆起运动	Himalayas, creation of, 13
热点	Hot spots, 14–15
陆地热点	continental, 15
夏威夷	Hawaii, 14

地幔	mantel, 15
地图	map, 15
海底热点	oceanic, 15
地热喷泉区	hydrothermal areas, 24

I
印度洋大海啸	Indian ocean tsunami, 2004, 58–9
岛弧火山	Island arc volcanoes, 12
岛屿	islands, 14–15, 22, 40

K
基拉韦厄火山	Kilauea, 18,48–9
神户大地震	Kobe earthquake, 1995, 56–7
喀拉喀托火山	Krakatau, 18, 44–5

L
岩盘	laccoliths, 17
火山泥流	lahar flow, 47
托巴湖, 苏门腊岛	Lake Toba, Sumatra, 40–1
塌方	landslides, 12, 33, 46
海盗	manta rays, 46
熔岩	lava, 10, 11, 16, 18, 20–1, 48
渣块熔岩流	Aa flow, 20
危险	danger, 20
火帘	fire curtain, 20
烟花	fireworks, 21
绳状熔岩流	Pahoehoe flow, 21
熔岩弹	lava bomb, 20
熔岩穹丘	lava plains, 46
熔岩平原	lava plains, 23
熔岩管道	lava tubes, 20, 49
液化	liquefaction, 33
里斯本大地震	Lisbon earthquake, 1755, 50–1
岩石圈	lithosphere, 9, 14

M
麦迪逊峡谷	Madison Canyon, 54–15
岩浆	magma, 11, 14–15, 16–17, 18, 23, 45, 46
岩盘	laccoliths, 17
地磁仪	magnetometer, 36
地幔	mantle, 8, 12, 14
地幔热点	mantle hot spot, 15
冒纳凯阿火山	Mauna Kea, 16
冒纳罗亚火山	Mauna Loa, 48
测量地震烈度	measuring earthquake intensity, 28–9
测量地震震级	measuring earthquake magnitude, 28–9
测量火山喷发量	measuring eruptive volume of volcanoes, 18
麦加利震级	Mercalli scale, 28–9
矿物质	minerals, 17, 25, 27
圣海伦斯火山	Mount St. Helens, 18, 46–7
维苏威火山	Mount Vesuvius, 18, 42–3
高山和海沟	mountains and trenches, 13
泥罐/大泥锅	mud pots/cauldrons, 24

O
海底热点	Oceanic hot spot, 15
海洋	oceans, 8, 10–11
探索深海	exploration, 11
大洋中脊图	mid-ocean ridge map, 10
大洋中脊	ridges, 10
海沟	trenches, 13

P
绳状熔岩流	Pahoehoe flow, 21
培雷式火山喷发	Peleean eruption, 19
普林尼式火山喷发	Plinian eruption, 18
庞贝古城	Pompeii, 42
地震预防	Preparing for earthquakes
建筑物	buildings, 30–1
火山碎屑流	pyroclastic flow, 21, 43, 44, 47
火山碎屑	pyroclasts, 18, 20

R
救援工作	Rescue work, 32–3
里氏震级	Richter scale, 28–9
裂缝火山	rift volcano, 17
水下景观	rivers, 9, 44–5
环状断层和丘陵	ring fault and hills, 15
岩石分析	rock analysis, 27

S
圣安德列斯断层	San Andreas Fault, 52, 53
水压	San Francisco earthquake, 1906, 52–3
卫星激光搜索修正	Satellite laser ranging, 37
海山	seamount, 22
搜救犬	*search-and-rescue dogs*, 33
地震数据	seismic data, 17
地震分布图	seismic map, 56
地震波	seismic waves, 36–7
地震学家	seismologists, 30, 36–7
地震检波器	seismometer, 36, 37
盾状火山	shield volcano, 17
苏弗里耶尔火山	Soufriere Hills volcano, 21
成层火山	stratovolcano, 17
斯特龙博利式火山喷发	Strombolian eruption, 19
海底地震	Submarine earthquakes, 34
苏特塞式火山喷发	Surtseyan eruption, 19

T
构造板块	Tectonic plates, 8, 12, 14, 28, 34
碰撞	collisions, 13
板块边界示意图	plate boundaries map, 12
地热喷泉	thermal springs, 24–5, 54
防寒服	thermal suits, 27
海啸	tsunamis, 44, 51
灾难	disasters, 24, 50–1, 58–9
印度洋大海啸	*Indian Ocean tsunami*, 2004, 58–9
海啸早期预警系统	Tsunami early warning system, 58

U
超级普林尼式火山喷发	*Ultraplinian eruption*, 18

V
火山口	Vents
主火山口	central, 17
环状火山口	circular, 21
喷气孔	fumaroles, 20
库派阿纳哈火山口	Kupalianaha, 49
普鲁欧欧	Pu'uO'o, 49
侧火山口	side, 17
维苏威火山	Vesuvius, 18, 42–3
火山岩墙	Volcanic dykes, 16, 23
火山爆发指数(VEI)	Volcanic Explosivity Index, 18
火山岛	Volcanic islands, 14–15, 22, 40
火山地貌	Volcanic landscapes, 22–3
火山岩	Volcanic rock, 8
火山冬天	Volcanic winters, 40–1
火山作用	volcanism, 22
火山	volcanoes
火山剖面图	anatomy of, 16
火山锥	cones, 17
火山口	craters, 17
起源	creation, 8–9
休眠	dormant, 22
喷发, 见"喷发"条目	eruptions see eruptions
形成	formation, 14, 23
最高的火山	highest, 16
基拉韦厄火山	Kilauea, 18, 48–9
喀拉喀托火山	Krakatau, 18, 44–5
熔岩管道	Lava tubes, 20
圣海伦斯火山	Mount St.Helens, 18, 46–7
土壤	soil, 22
苏弗里耶尔火山	Soufriere Hills, 21
尖峰和岩墙的形成过程	Spire and dyke formation, 23
托巴火山	Toba, 18, 40
火山的类型	types of, 17
火山口	vents, 17
维苏威火山	Vesuvius, 18, 42–3
火山灰	Volcanic ash, 16, 20–1, 45, 47
火山喷泉	Volcanic springs, 20
火山学家	volcanologists, 17–26–7, 45
武尔卡诺式火山喷发	Vulcanian eruption, 19

Y
黄石国家公园	*Yellowstone National Park*, 14, 54

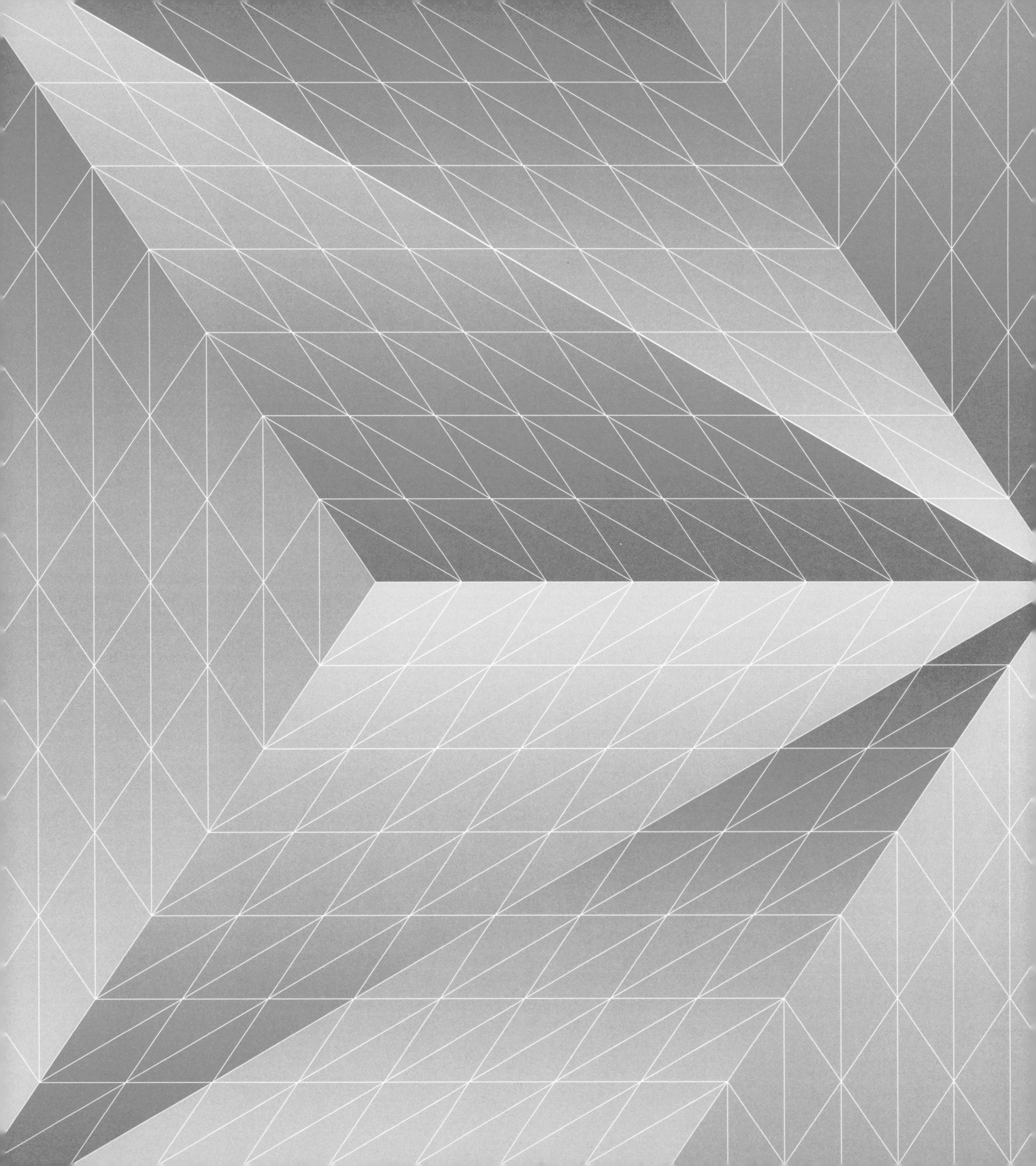